与黑天鹅共舞
Dance with the black swan

李欣频 著

电子工业出版社
Publishing House of Electronics Industry
北京·BEIJING

未经许可,不得以任何方式复制或抄袭本书之部分或全部内容。
版权所有,侵权必究。

图书在版编目(CIP)数据

与黑天鹅共舞 / 李欣频著. — 北京:电子工业出版社,2020.10

ISBN 978-7-121-39526-0

Ⅰ. ①与… Ⅱ. ①李… Ⅲ. ①人生哲学-通俗读物 Ⅳ. ① B821-49

中国版本图书馆 CIP 数据核字(2020)第 201483 号

责任编辑:潘 炜
印　　刷:天津画中画印刷有限公司
装　　订:天津画中画印刷有限公司
出版发行:电子工业出版社
　　　　　北京市海淀区万寿路 173 信箱　　邮编:100036
开　　本:787×1092　1/32　印张:6.25　字数:86 千字
版　　次:2020 年 10 月第 1 版
印　　次:2020 年 10 月第 1 次印刷
定　　价:68.00 元

凡所购买电子工业出版社图书有缺损问题,请向购买书店调换。若书店售缺,请与本社发行部联系,联系及邮购电话:(010)88254888,88258888。

质量投诉请发邮件至 zlts@phei.com.cn,盗版侵权举报请发邮件至 dbqq@phei.com.cn。

本书咨询联系方式:(010)88254210,influence@phei.com.cn,微信号:yingxianglibook。

推荐序
PREFACE

发出你的光

当下,每个人往新时代迈进是必然的结果,所有人都要回到自然本心。如果人们远离了自然,把自己圈养在毁灭身心健康的有污染的生活中,那不是更好的未来。新型冠状病毒疫情让人类在最短的时间内觉醒,已经醒来的人们,请务必要发出你最亮、最稳定的光,来协助慌乱的人去看清楚当下的考题是什么?答案只有一个:回归自然。

请调整你的频率与大地一起共振,理

解自己是地球的一部分，那么你自然就学习到与地球共存共荣共生的方式。全球的医疗体系将全面转型，更自然的无后遗症的疗法将重新回归，人们会重新认识土地、植物和疗愈的力量，并看见正面的能量能够改善免疫系统，重新回归爱的互动。

不要把头天天埋在汲汲营营中，为了赚钱去赚钱，时常感受一下因无污染而变得甜美的空气、鸟叫、虫鸣、浪涛、月光，感受地球的脉动，感受万物传递给你的感动，记得这份感动，记得你跟地球是在一起的！让你的心跳和地球同步，开始去忆起你是谁，记起你跟地球母亲深刻的连结。当你能够感觉到你的一举一动都活在地球母亲的怀抱里，使用的是地球母亲的馈赠，你会知道什么是你应该做的！去唱歌吧！去创作吧！用你的双手、声音和身体，用你所擅长的一切，歌颂虫鸣、鸟叫、天空和月光，为你自己和地球母亲而唱。不要担忧，你是富足的！不要害怕，你有天地无尽的支持,你非常有力量,并且这份力量持续增长,你的力量大到可以去给予他人。不要怀疑,保持心中的温暖,你就是光,让所有情绪无罣碍地穿透自己,真实地活出喜悦的生命。

请你照顾好自己,保持环境卫生,定期抗菌消毒、保持清洁、多晒太阳、多运动,保持健康。身体是你显化所有行动的载具,要好好照顾它,并好好练习保持身心平衡。

借本书出版的宝贵机会,再次向亡者致上最大敬意,谢谢他们。我们也务必记起教训,提升人类的集体意识,带着深沉的祝福和慈心行动起来。愿所有人都能理解并穿越恐惧,平衡健康,发出你的光,温暖他人,才是人间值得。

江俏颖

目 录
CONTENTS

推荐序	**发出你的光**	001
第一章	**横空飞来**	009
第二章	**既来之，则觉知**	027
	个人"疫"醒	031
	生命教练来了	033
	清掉"人类木马程序"	040
	是怕还是爱？	045
	对未知的破圈	050
	爱者无惧	052
	可为与可不为	057
	断舍离的仅是物质吗？	060

	你在参与哪种游戏？	064
	动与静的选择	065
	人间很值得	069
	前事不忘	072
	向死而生	074
第三章	**循图共舞**	077
	给重生的礼物	081
	地球十二大"疫"图	093
	归还	095
	恢复	098
	自给	100
	低欲望	103
	安内	104
	平衡	105
	找回	106

目录

自省	107
考验	108
共生	109
珍惜	111
合一	112

第四章 **五元赋能与翻转人生** 117

风	122
火	124
水	126
土	127
人	128
V形翻转	135
转折点与转戾点	141
升维思考	143

第五章	**洞见未知的力量**	149
	全局力 + 洞悉力	152
	免疫力 + 自愈力	154
	应变力 + 风险力	156
	智慧力 + 喜悦力	169
	蜕变力 + 重生力	173
	艺术力 + 创造力	178
	全能力 + 丰盛力	181
第六章	**成为领舞者**	185
后 记	**感恩地球**	193

第一章

横空飞来

纳西姆·尼古拉斯·塔勒布（Nassim Nicholas Taleb）在 2001 年出版的《*Fooled by Randomness: The hidden role of chance in life and in the markets*》一书中讨论了黑天鹅事件，该书的内容涉及的是金融事件。接着他在 2007 年所出版的《黑天鹅：如何应对不可预知的未来》中，将"黑天鹅"这个隐喻扩展到金融市场以外的事件。

在发现澳洲之前，17 世纪前的欧洲人所看过的天鹅都是白色的，所以在当时的欧洲人眼中，天鹅只有白色的品种。直到欧洲人发现了澳洲，看到当地有黑天鹅后，他们的视野才被瞬间打开。只需一只黑天鹅，就能让天鹅只有白色的结论瞬间错误,这引起了人们对"认知"的反思:过去人们所认为的是对的,不等于以后总是对的。《黑天鹅:如何应对不可预知的未来》一书提到:黑天鹅事件是指极不可能发生,实际上却又发生的事件。主要具有三大特性(满足以下两项即可称为黑天鹅事件):

1. 这个事件的意外出现超出预期,极为罕见,在发生前没有任何前例可以证明,人们依靠过去的经验不会相信出现的可能性;
2. 事件会带来巨大冲击与极端影响;
3. 一旦发生了这样的事件,人会因为天性使然而做出解释,让事件可解释或可预测。

在 2020 年以前,我们听到"黑天鹅"这个词,通常只用来形容出乎预料出现的人、事、物或是突发的某一种潮流趋势,没有人会想到"黑天鹅"会对我们造成多么大、多么快的影响。直到2020年1月下旬，新型冠状病毒掀起了一连串全球级的风暴，加上多地发生洪灾、蝗灾、地震、森林大火……多个国家和地区处在纷乱的局势之中，甚至还冒出了一些奇怪的病毒传染病……这只超级巨大的黑天鹅横空出世，瞬间让全球的人吓到急喊刹车，把整个2020年搞得天翻地覆，全世界几乎都受到了海啸般的冲击。于是，许多人就开始回头去找过去被忽略的征兆，解释并预言这只失控的黑天鹅，以此来减少对无法预期未来的恐慌、焦虑。

相信大家已经体验到了2020年上半年新型冠状病毒的强大威力，这也创下了人类史上超过全球2/3的人口居家闭关的历史纪录。这次新型冠状病毒疫情全方位、无死角地打乱了生活原有的秩序，包括生命、人性、公共卫生、医疗、政治、经济、国际关系……

第一章　横空飞来

　　从 2020 年初疫情大爆发至今,国内外头版新闻离奇、夸张,就像每天都在刷新人类历史纪录一样,每一条都具有成为电影画面的戏剧张力。如果你回到 2019 年底,那么你绝对无法想象世界会有超过 2/3 的人口被困在家不能外出;无法想象航空公司几乎全部停航;无法想象许多国家或地区在几天、几周、几个月之内的死亡人数远远超过过去战争、恐怖袭击、各种天灾人祸造成的死亡数字;无法想象一艘"钻石公主号"游轮上就有七百多位感染者上演着现代版"泰坦尼克号"的生死剧情;无法想象英国首相、政府高层、好莱坞明星、NBA 球星、歌手、设计师、演员……在很短的时间内像马拉松接力一样一个又一个地感染病毒,甚至有人身故;无法想象饭店、电影院、餐厅、旅游业几乎全面停摆;无法想象这场疫情直接影响到全球 81%(全球 33 亿劳工人口中的 27 亿)以上劳工的生计;无法想象国际劳工组织(ILO)预测 2020 年第二季全球失业人口将达到 1.95 亿;无法想象无以数计的企业、银行、航空公司接连面临倒闭危机；无法想象全球很受欢迎的太阳马戏团也处于破产边缘；连NBA球赛、四年一次的奥运会（东京）、五年一次的世界博览会（迪拜）、米兰时装周、汉诺威工业展……都一一延期。人类像是瞬间宕机般全球接连停摆，经济损失已经大到无法估算，这些都是两次世界大战之后人类面临着的最严重状态。

即使你很幸运没有被感染，但这对每个人而言都是一场冲击剧烈的"黑天鹅大考"。如果这次疫情把一些人打入谷底，那么接下来哪些人开始V字复苏，哪些人一路兵败如山倒？这就是造成未来人与人拉大差距的关键。

如果可以用四个字来总结大部分人的生命旅程，不外乎就是"生""老""病""死"。为什么说是大部分人呢？因为有些人没有经过"病""老"，直接从"生"

跳阶到"死"。每个人自出生起就开始了自己的体验，依照年龄面对一关又一关的考题：原生家庭、自我认同、人际关系、伴侣关系、亲子关系、工作、金钱、疾病健康、生死别离……这些全都是人类题库中的基本题型，我们都要在各自的生活考场中，淬炼出自己独一无二的英雄之旅。

整个人类史上发生过很多次"集体大考"，强化了个别考题的难度。例如：天灾（地震、洪水、海啸、飓风、火山爆发……）或是人祸（战争、政治对立、经济剧荡……），但如果把全球人类史缩时成为一部大约十分钟的短片，我们会看到不断的重复性，这也就是为什么有人说时间其实是一个循环之圆，而不是线性的，光从"线性"到"圆形/螺旋"（从侧边看是螺旋向上或向下，由高空往下俯瞰就是圆形），本身就是视野升维的转变。这就像电影《降临》(*Arrival*)中外星人的圆形文字，头与尾是同时形成的，当你起了怎样的开头，其实就已经注定了结局的版本，因果同时生成。循环之圆内隐藏了格雷格·布来登（Gregg Braden）在《碎形时间》（*Fractal Time*）里所说的："这些反复的循环给了我们'抉择点'（choice point），又称'决定点'（decision point）的机会，容许人类为这次循环选择新的结果。"

人们是如何领悟自己生命体验以外的智慧的呢？除了透过历史、知识（教育、书本）、先人的传承，现代人以观看戏剧、电影的方式，来让自己获得身临其境、超越现实的经验。在许多戏剧、电影、小说的各种主题中，灾难的议题是很主流的，这也是人类考场的必考主题——"死亡"所延伸出来的。正因为每个人都会死（终点），所以由"死"向"生"投射、衍生出来的各种题型，根据时空不同而有了故事情节的变化。但究竟是谁在出考题？是谁在应考？题型是什么？考试的目的是什么？怎样应答才算通过考试？过

第一章　横空飞来

关了会如何？不过关又会到哪里呢？

我们可以回想一下小时候常见的数学题："三只鸡与四只兔子放在一个笼子里，请问有几只脚？"被学校训练有素的我们，马上就可以回答出："3×2 + 4×4 = 22"，但很少有人真的在现实生活中看到"三只鸡与四只兔"在一个笼子里。就算我们真的在现实生活中看到"鸡兔同笼"，也会觉得有点"离奇"与"超现实"，而这正是"考题"的特征，就像是电影《盗梦空间》（Inception）、《笔下求生》（Stranger than Fiction）、《楚门的世界》（The Truman Show）的概念：你得先辨认出你在梦里还是梦外、剧场（本）里还是剧场（本）外、考场内还是考场外。因为梦里梦外、戏里戏外、题内题外的逻辑完全不同，一旦你辨认出"离奇""超现实"，你就不会用原来现实生活的逻辑、情绪、反应方式去面对，就像你不会对着考卷大骂："哪个笨蛋会把鸡兔放在同一个笼子里？"因为考题是"离奇""超现实"的，不是你所体验的"真实"的,所以你就可以用游戏或剧本创造者的角度看问题,这有助于我们用超然的角度"与黑天鹅共舞",并从中找到应对办法。

人类史上的天灾人祸不少,但考验的核心其实都换汤不换药,让我们先以这次疫情作为"黑天鹅大考"的示范题来分析。无论是地震、海啸、洪水、大火,还是战争……大部分都是区域性的或是只发生在某几个国家之内,像第一次世界大战、第二次世界大战也才有数十个国家牵连其中。然而,疫情影响的范围可以快速扩展到全球,可说是人类面临的一次大考。

这只横空出世的巨大"黑天鹅",在短短几个月时间内,颠覆了这个世界千百年以来建立的游戏规则,很多人至今还是觉得非常不真实,就像是瞬间掉进了犹如电影《盗梦空间》里最底层的梦境,这种"范式转移"就相当于瞬间被抽换成很难的考题,全球人临

第一章　横空飞来

时大考，无一幸免。

　　更离奇的是，全球局势越来越往"疫"犹未尽的方向发展，而且封关封锁的时间"疫"延再延，越来越多的专家指出新型冠状病毒不会在短期内消失，并且有可能会在秋冬或来年春天再次兴起。比尔·盖兹认为疫情的影响至少会持续到2021年秋天，流行病学教授金传春也提到新型冠状病毒发展到这种地步，已经不可能像SARS那样突然间消声匿迹，要大家做好"长期抗疫"的心理准备。既然眼前是离奇的、超现实的、"疫"直醒不过来的考题，那么我们到底在考什么主题？哪些科目？这些考题落到各个国家、各个宗教团体、各阶层的每一个人身上，题型又有何差异？个体的答案与集体的答案会是一样的吗？彼此连动的关系为何？我们是否能升维到地球上方，从人类生命场的制高点来看待这场"黑天鹅大考"的目的是什么？这个像巨型黑天鹅一样的考官希望大家晋级到怎样的终极状态？如果我们看懂了就能很快破题解题，而不是困在悲观、沮丧、恐惧的情绪之中，一直抱怨考题出得不合理。

究竟这只2020型号的巨大黑天鹅为何而来？它想要把我们带到哪里去？我们能不能将视野移到地球上空，俯瞰它的行踪轨迹，研究出它到底想要考验我们什么？引领我们学会什么？我们无法琢磨的黑天鹅，与其躲避之，不如与之共舞吧？！

新型冠状病毒疫情，是一场考验人性的全球大考，有的人是见"疫"勇为的逆行者（医护人员），他们的考场在疫情第一线的医院，有些感染者的考场在急诊室或重症监护室，有的人的考场是在隔离场所或被隔离在海上的游轮，有的人的考场是在工作上，有的人的考场在家里，有的人的考场在心念中……病毒是考官，一旦它挑上你，你就已经被隔离在最严酷的大考

第一章 横空飞来

场之中，进行你的密集大考。

同样在"大疫"考场，每个人拿到的题型有所不同，有人拿到的是关于"生命""疾病""生死"的题型，有人拿到的是关于"工作""金钱""生存"的题型，有人拿到的是关于"情感""关系""家人"的题型，有人拿到的是关于"怀疑""信任""谣言"的题型，有人拿到的是关于"自尊""自信""自我认同"的题型……你要先辨认自己拿到的是哪几类题型的考题？如果你生命中还有哪些主修科目尚未过关，这次大考通常就会先从这几个主题开始"疫"有所指，无预警且毫不手软地临时抽考你。

平时赚多少花多少的"月光族"、打零工者、入不敷出甚至负债的人，在疫情突来时全面停工的当下，马上就面临着残酷的生存问题，或是感情不睦的夫妻关系、冲突迭出的亲子关系等问题逐渐浮出水面。因隔离的需要，全家人被关在同一屋檐下，被迫面对自家残酷写实的"家业"课题，逃都逃不掉，一些地方开始出现高于以往的离婚潮。有人抱怨平常因工作忙没时间完成梦想，第一次遇到这么长的假期，却也没利用好时间把想做的事完成（例如创作）。如果他没有足够的热情、动力来实现这个梦想，就会把工作忙当借口，他永远也不会有完成的一天……每个人面对的考题都剑指核心、"疫"针见血。

要如何推论自己拿的考题是什么？其实很简单，请仔细列举出这次疫情前后，你在心灵与生活上最大的改变、变化是什么？然后从你列举的清单中，整理出最多的主题究竟是哪一类？是关于"生命""疾病""生死"的题型，是关于"工作""金钱""生存"的题型，是关于"情感""关系""家人"的题型，是关于"怀疑""信任""谣言"的题型，还是关于"自尊""自信""自我认同"的题型……然后根据这条线索开始往源头深究，彻底面对自己常年都不理会的生命课题，勇敢无惧地、不逃避地大破大立。此后生命之舟若再遭受剧烈的风浪，因为船底已经没有待补的破洞，船身很稳定，也就不致于再给你带来什么无法应对的课题，"疫"了百了。

人们总是习惯于忘记过去，所以一而再再而三地重复教训。历史犹如无限循环的衔尾蛇，这次"黑天鹅大疫考"的"考"，既是"考题"，又是"考古""考究"，人类必须通过这次大战"疫"来做彻底地蜕变，同样的错不要再犯。接下来，我会以"成""住""坏""空"等几个关键的问题，来帮大家借"疫"自修，"修"是"修理""修复"，也是"修行""修炼"。

2010年，我在《变局创意学》中写下了这段话："人可以透过预防医学的观念、免疫系统的提升、自我疗愈能力的培养，减少对医院与医生的依赖；同时透过稳当但不贪不投机的财务处理，为自己与家人留存未来生活的备用金。"

目前，全球各地发生的各种灾难，在人类史上都不是第一次，只要把自己的观察时间拉远到近百年来全世界所发生过的各种极端意外与变动，你就很容易做好周全的准备，所以这本《与黑天鹅共舞》也是为了从现在算起的未来十年所准备的。

接下来我将以显形结构，内藏"成""住""坏""空"四个隐形"疫"图，来梳理并透析这场由黑天鹅搅动而掀起的"人类大疫考"。

成： 从地球生命场的观点，如何看待黑天鹅事件——"人类大疫考"设计的目的与成因。

住： 病毒进驻人体或是散布在环境之中，会产生哪些身心的巨变?

坏:"人类大疫考"给当代人类造成了哪些破坏? 要清理什么? 转变什么?

空:"人类大疫考"之后, 人类最大规模的断舍离有哪些?

如何在大疫之后, 做好考后总检讨、总改进, 避免再创造下一波"大疫考"?

每一个人都会经历各式各样的"成""住""坏""空", 只有每个人都从现在开始重视课题, 这场由黑天鹅扑腾带来的大考才有集体过关的可能。

第二章

既来之，则觉知

2020年是非常具有挑战性的一年,也是一个重新洗牌、归零、归位、蜕变的一年。请问还有谁有能力,或是还有什么方法,能让世界瞬间停止继续疯狂,让半数以上的地球人同时闭关自省与蜕变,让地球得以瞬间降低污染指数,让地球得以喘息并重启平衡机制?

人们在"忙""盲""茫"的状态中,被强制按下暂停键,被强制检视过去忽略的重要课题:生命健康与地球环保,自己与社会的关系、自己与他人的关系、与自己的关系,各种族、各宗教、各国之间

第二章 既来之，则觉知

常年的矛盾与问题……

千变万化的此时此刻，只能以我们想要的未来决定现在，而不能以现在决定未来。人们只要随时保持觉知，就相当于在一条堵车的道路上，通过人造卫星导航系统传输给我们现在哪里堵车的症结画面与关键源头，提醒我们不要无意识地像鬼打墙似地将历史重演，而是要建一个高速高架桥实现跨越，来避开堵车的困局。

未来已来。新型冠状病毒疫情就像一场黑天鹅带来的"大疫考"。既然它来了，我们就要接纳它。我们究竟该如何抓题？下面以双齿轮连动机构图，来描绘这次"黑天鹅大疫考"的过关模型。

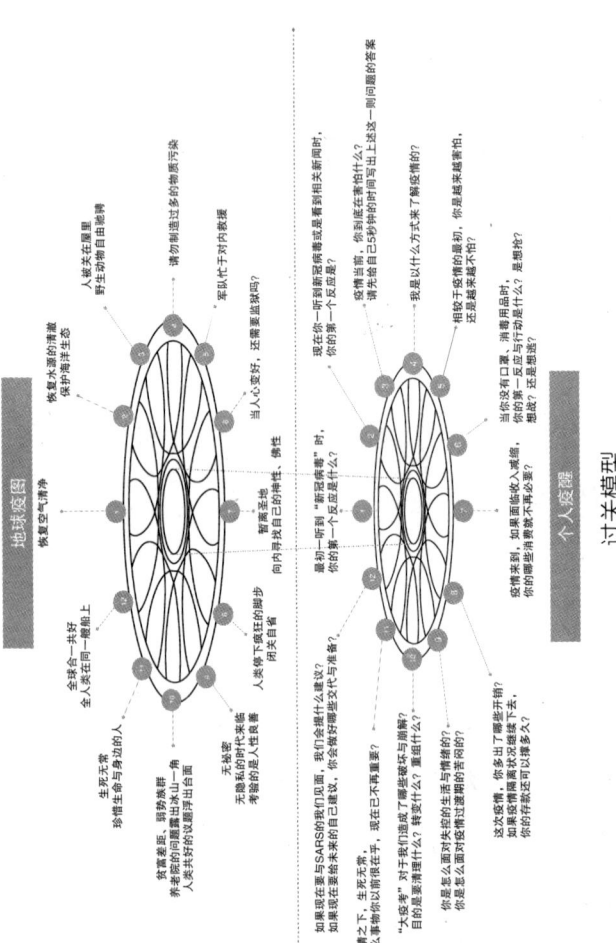

第二章　既来之，则觉知

个人"疫"醒

列纳德·蒙洛迪诺（Leonard Mlodinow）在《醉汉的脚步：随机性如何主宰我们的生活》（*The Drunkard's Walk: How Randomness Rules Our Lives*）中提到：人生就像蜡烛的火焰，不断被各种不同的随机事件带往新的方向，而这些事件，连同我们对这些事件的反应，决定了我们的命运。我们一生中都会遇到大大小小的各种课题、关卡，当下第一直觉的反应与行为，直接揭露了每个人的真实本性。我们可以透过对外在事件的情绪反应，来深度反思自己的人生课题，找到自己还没发现的内在木马程序以及被自己一再耽搁的梦想。若未觉知并修正自己，考题就会一再出现，直到我们学会为止，就如同《土拨鼠之日》中所说的日复一日的循环，每天醒来还是在二月二日的生活剧本中，人类历史也不断重复着同题型的天灾人祸。

在黑死病、西班牙大流感、SARS、埃博拉病毒以及突然全球大爆发的新型冠状病毒的影响下，无论时空背景再怎么更迭，人性的极善与极恶仍旧表现得淋漓尽致。比如球员在记者会上轻率地用手摸遍麦克风，有人故意对着空乘人员或是执法人员咳嗽，有人大量囤积防疫物资然后高价转卖，有人以低劣的质量制作无防疫能力的口罩，有人在大卖场排队时打了起来，有人有感冒病症却吃退烧药企图隐匿，有人歧视甚至羞辱被隔离的邻居，医护人员怕被感染而溜号，留守老人在养老院里自生自灭……但我们也看到有人抛家弃子地留守在医院照料病患，千里之外的好心人送食物或防疫物资给医护人员，医院护士因为照顾病人，让自己与家人隔离了好几个月，出租车司机在疫情爆发后经常免费接送病患往来医院。无数个"疫"勇英雄，在人类最黑暗的时期展现出最温暖的人性之光。看不见的病毒却让我们看清了人性，给每个人的考题是：第一时间你想到的是自己还是别人？是大家一起变好还是同归于尽？这就像以色列教授尤瓦尔·拉利所说的："最危险的不是病毒本身。人类拥有能够克服病毒的科学知识和技术，而真正严重的问题是我们内心的恶魔——憎恶、贪婪、无知……全世界需要怜悯和团结来帮助需要的人。"

那么，当我们已经置身在黑天鹅大考场之中，该如何面对，如何破题解题呢？以下是十二个破题解题的自我觉知。

生命教练来了

新型冠状病毒从大爆发到现在也有一段时间了，大家是否能回想起来：第一次听到"新型冠状病毒"时，自己的第一个反应是什么？请你花几分钟的时间，回顾一下当时从你脑海中跑出来的第一个感觉、情绪、念头、画面,或是什么字词都可以,想到什么或是感到什么,都请写在下面表格的左栏。

情绪反应对照表

	第一时间听到"新型冠状病毒"的相应新闻事件	自己的感受、反应	对照霍金斯意识能量指数,你的反应属于哪一个等级?
1			
2			
3			
4			
5			
6			
7			
8			
9			
……			

第二章　既来之，则觉知

填写完上表的中栏，依据影响你的程度，对照戴维·霍金斯（David R. Hawkins）的人类意识能量指数，把相应感受的指数标示到上表中的右栏里。

人类意识能量指数表

1. 开悟正觉：700～1000
2. 宁静极乐：600
3. 平和喜悦：540
4. 仁爱崇敬：500
5. 理性谅解：400
6. 宽容接纳：350
7. 主动乐观：310
8. 信任淡定：250
9. 勇气肯定：200
10. 骄傲刻薄：175
11. 愤怒仇恨：150
12. 欲望渴求：125
13. 恐惧焦虑：100
14. 忧伤无助：75
15. 冷漠绝望：50
16. 内疚报复：30
17. 羞耻蔑视：20及以下

情绪反应对照表填表示例

	第一时间听到"新型冠状病毒"的相应新闻事件	自己的感受、反应	对照霍金斯意识能量指数，你的反应属于哪一个等级？
1	武汉封城	焦虑、恐慌→害怕没有食物会饿死→自己对于生存的焦虑	100：恐惧焦虑
2	曾出演蝙蝠侠三部曲《黑暗骑士》的男星杰伊·本尼迪克特（Jay Benedict）因新型冠状病毒引发严重并发症而病逝	哀伤→这么优秀的演员，因疫身故很可惜→自己还有梦想还没完成的担忧	100：恐惧焦虑

为什么面对同样的新型冠状病毒，每个人的第一反应会如此不同？从脑海里跑出来的第一反应，就代表你面对生命核心问题的惯性"反应炉"，就是你拿来应对现在与未来的投射模块，也是你的生命高度。请对照霍金斯意识能量指数，看看数值是多少。

第二章　既来之，则觉知

如果你第一时间知道有这个病毒，你的第一个想法是："SARS又来了？""现在医疗这么发达，应该没事吧？"结合你所看到的全球状况的体会，你就能明白自己平时太轻视"变化与无常"了。大自然里没有固定的生活方式，变就是唯一的不变，如果你能真正活在当下，那么此时此刻都与前一秒截然不同，就如李尔纳·杰克伯森（Leonard Jacobson）在《回到当下的旅程》（*Journey into Now*）中提到的："我们都在沉睡中，生活就是我们所做的梦，我们必须从这个梦中醒过来……觉醒就是要全然地在这里。"

倘若你随时保持高度的觉知与清醒，你第一次听到"新型冠状病毒"的反应可能就是："它是什么？它是怎么形成的？它的特性是什么？它与之前的SARS有什么不同？它是怎么传播的？它怎么进入人体？之后它会在人体里产生怎样的影响？人的免疫系统有可能处理掉它吗？它怕什么？它喜欢什么？它在怎样的环境能够存活？存活多长时间？在疫苗研发成功之前，有什么方法可以免疫？它究竟想干什么？人类历史上发生过几次重大疫情？这些疫情是怎么发生的？影响的范围有多大？病毒是怎么消失的？我们可以从过去的历史教训中学会什么，而不再重蹈覆辙？"也就是说，你可以漠不关心、事不关己、明哲保身，你也可以带领自己以病毒研究专家、人类历史学家、社会学家、最高决策官员的视角看待它，甚至还可以从病毒本身的角度来换位思考。这两种反应之间的差别就在于：你的人生是浮光掠影，还是深度觉知？你平常是以"小我"还是以"大我"在面对自己的人生？

如果你第一次听到新型冠状病毒的反应是恐惧、怕自己得病而死掉，我们可以再进一步探究你恐惧的根源，继续追问："如果因疫得病而死，你感到最遗憾的是什么？"如果你的回答是"还有很多梦想没实现"，这意味着你平常没有好好利用时间去过有质量的生活。

第二章　既来之，则觉知

你的大部分时间是否都在虚耗，找各式各样的借口拖延时间，但你忘了人最终会死，就如同一句经典名言：不要活着的时候像死了一样，死的时候像从来没活过。所以，你对这道考题的反应就在提醒你：好好把握今天，活出你真正想要的状态，优先实现你的梦想。如果每一天都能活出生命的最大值，就算今天离世，也没有任何遗憾了。那么，这个本来对你造成恐惧威胁的病毒，就成了强而有力的生命教练。

我很喜欢萨古鲁（Sadhguru）在印度即将封国前，对他的学生们说的一段话："早知道病毒能成为你们觉知的来源，我早就该给你们一人一个了，为什么我还要浪费时间教你觉知？我真不知道病毒可以做到这些。"

你所写下的对新型冠状病毒的第一个反应，就是浮出水面的冰山一角的生命基本题型，所以请重新审视你所写的每一条答案，它们都有一条绳线能串联起你的害怕、恐惧、担忧、抱怨、愤怒、指责、哀伤、沮丧、悲观、绝望，延伸到精神的深井幽谷……直指你的生命核心，循着绳线你就能找回勇气、同理心、慈悲、感恩、乐观、希望、智慧……

清掉"人类木马程序"

对照你起初听到新型冠状病毒的第一反应，现在你的第一反应又是什么呢？此刻从你脑海中跑出来的第一个感觉、念头、画面，或是字词是什么？属于霍金斯意识能量指数的哪一个等级？

2020年4月11日，这一天关键的新闻内容是：全球染疫人数突破160万，全球2/3的人口被建议居家隔离。华尔街大咖染疫。中东地区王室家族多名成员确

第二章　既来之，则觉知

诊……在密密麻麻的新闻中，如果这几则直接跳进你的眼帘，可以把它们截图，问自己："我的第一感觉是什么？"然后，你可以深度剖析自己为何对这几则新闻有感觉。

大家也可以依照下表中提供的方法帮自己找出被这些新闻吸引的内在对应磁铁是什么。也就是说，你的内在一定有相应的频率，在此之前你的生命曾被这些障碍卡住了，形成诸多路障，而你从没有觉知。这些内在的卡点就是"人类木马程序"，一旦把这些破除，你的软件系统才能支持你更安全地畅行无阻。这也好比帮你把前方预埋的人生地雷一并拆除，从此你就可以撒欢般地跑步前进了。

情绪反应对照表

	新闻内容	能量意识	深度剖析自己内在深藏的"人类木马程序"
1	全球染疫人数突破160万，全球2/3的人口遭禁足。	焦虑	不知道何时才能够跟朋友一起去环球旅行。 ↓ 不旅行，觉得自己不自由，待在家里久了感到生活很无聊。 ↓ 无法安静独处、无法面对自己、怕孤独，不安于室的"焦虑""焦躁"等能量意识在积聚。 ↓ 在家闭关，想想自己为何因见不到朋友、无法旅行而感到焦虑？为何不能享受难得跟自己在一起的时间？自己是怕要面对什么吗？无所事事会觉得自己不够好吗？ ↓ 通过静坐、冥想、做瑜伽，也可以想象自己在深山洞穴里独修，终于有了属于自己的了悟生命课题的宝贵时间，让自己保持既"入世"又"出世"的动静平衡的大自在状态。

续表

	新闻内容	能量意识	深度剖析自己内在深藏的"人类木马程序"
2	华尔街大咖染疫。中东地区王室家族多名成员确诊……	好奇	有钱有名的人生病与普通人生病有没有差别呢? ↓ 自己拼命赚钱,只是为了让自己以后生病时能得到比较好的照顾吗?这,已内藏了"生病"的潜意识设定——为了赚钱而牺牲健康,最后所赚的钱都给了医院,这是很本末倒置的。从现在起就照顾好自己的健康,不就是人间值得吗?
……			

2020年6月21日,在台北举行的新书发布会上,有读者问我:"我最关注的新闻是美国黑人弗洛伊德事件之后引发的一连串冲突,这让我很害怕,请问这代表我有什么生命课题要面对吗?"我问她:"你害怕冲突吗?"她说是的。我继续问她:"当你在生活中面临冲突时,会怎么做?"她说躲起来,随后便沉默不言。

我再问："你生活中是否经常发生因害怕冲突，而选择不讲出自己心中想说的话，以致于无法自由地表达自己呢？"她说是的。我说："这就是你要面对的生命课题。"

每一天，如果你都能根据自己所看到新闻的第一反应，做深度的自问自答：哪些人、事、物影响了你？摒弃掉哪些信息，你才能不把负面情绪或频率继续带到接下来的生活之中？检查一下你生命航向的频率方向是对的吗？这就相当于你把负面情绪转成找到自身所带的"人类木马程序"的能力，一旦你破解了它，你就有轻装飙向未来的动力。你不再被自己的设定困住。现在，是以你的意志力决定未来，将你的能量持续聚焦并锚定在丰盛、幸福、和平、快乐的愿景频率上。本来要花几十年修炼的生命功课，本来要付出极大健康或极多金钱的代价的生命预设，你却能够借着这次"大疫考"提前通关，你的未来生命也将到达丰盛、幸福、和平、快乐的目的地。

是怕还是爱？

当前，你到底在害怕什么？

请先给自己5秒钟的时间，写出你的答案。

写好后，掩卷沉思，你看到了你最深层的害怕了吗？我在《人类木马程序》一书里提到过这个害怕、恐惧模块，它其实躲在你的潜意识里很久了，但你平常很少有机会去挖掘它、面对它。举例来说，如果你怕得病之后被隔离，你就问问自己：假若被隔离，你担心无法做自己想做的事儿吗？害怕自己从此没有工作？害怕从此没有亲友敢靠近你……这些想法才是你更深层恐惧模块的显现。

如果你是害怕因染疫生病而住院,失去做自己想做的事的机会,说明你很有可能之前并没有好好把握时间做你想做的事。请自问一下,因疫情居家多出来的这段时间,你有好好利用它来实现你的梦想吗?如果你拿这段漫长并觉得无聊的时间整天追剧,沉浸在电玩世界之中,那你只是把实现不了梦想的借口"栽赃"给时间,当大把时间还给你,而你还在继续拖延时,你并没有把时间当作朋友。

如果你害怕失去健康,害怕失去生命,那请反思一下,平常有注意健康,注意饮食,养成运动习惯,定期体检吗?是否能从现在开始做出改变,并提升自己的免疫力呢?

如果你害怕自己从此没有工作,那么代表你有可

第二章　既来之，则觉知

能还没把自己真正的天赋、才华发掘并发挥出来，或是你尚未因时局变化而做好转型准备。你可以观察疫情前后各行各业的消长，为自己的未来调整好工作状态，或做个"斜杠"以应对千变万化的未来。

如果你害怕这场疫情给自己与家人带来健康的威胁，那么你潜意识中可能藏有害怕失去健康、与家人分离、死亡的焦虑模块。你需要检查一下，自己会不会因为害怕失去而有过多的焦虑、担忧，甚至是控制欲呢？此外，也要自省一下，过去是否常与家人保持情感上的连接？无论是团聚，或是用微信、短信、电话随时关心家人，还是你们平常不怎么联络？见面时，人们如果都在心不在焉地看手机，处于人在心不在的状态，那么我们是不是不仅没有自我，而且还失去了更多呢？

情绪小怪兽常常从我们心中跑出来，我们要看见它。这次疫情就是最好的可以全方位审视自己的机会。新型冠状病毒大多先入侵呼吸系统，心理学上认为呼吸系统又与"信任"有关，你不会因为不信任空气而不呼吸吧？当"信任"的课题提出来时，就要自问在过去是否发生过什么事或经历过什么创伤，让你在潜意识中不信任身边的家人、伴侣、兄弟姐妹、亲戚、朋友、工作伙伴……甚至连自己都不信任呢？打开你内在恐惧的封印，拿起勇气这把钥匙往潜意识层面去戳穿，打开禁锢精神的枷锁，就能层层找到弱化自己的最初设定，也拿回了自己无畏无惧的原力。

如果你害怕亲友从此不敢靠近你，代表你内在深层可能有害怕孤独的元素，你就要问自己，如果瞬间失去了与亲友的交往，那么你对自己的价值与看法会有所不同吗？仅仅是严禁群聚就让许多人非常难受了。弹簧紧绷久了自然就会松懈，由人构成的社会也一样，松懈的局面一旦形成就是防疫的缺口。我们看到有些地方封锁久了，有人耐不住寂寞就跑出来找伴儿吃吃喝喝，无法自处、无法独处的问题提高了疫情传播更广的风险。萨古鲁说得好："我们应该要知道如何自处，知道如何存在。如果你知道如何存在，那么社交仅仅是出于你的选择，如果没有必要，你可以独处。这是一个很棒的时期，不必做任何事，你就会感到巨大的满足，而且同时也对全人类做出伟大的贡献。"

倘若你明白，今天就算没有疫情，一定也还有其他能引出你深层恐惧的事情，你是要选择面对还是逃避呢？你越抗拒你所害怕的事，它就越强大，你无惧地面对它，它才可能会消失。如果说这场影响全球的疫情，是黑天鹅在 2020 年给全人类的考试，请问这次疫情散发的信号是恐惧还是爱？如果我们恐惧，身体的免疫功能是上升还是下降？细胞生物学家布鲁斯·立顿（Bruce Lipton）教授曾提到：恐惧、战斗、焦虑会让免疫功能下降，恐惧只会创造更多恐惧，恐惧无法到达爱的结果。你不害怕会失去什么,你就没有什么好失去的。

对未知的破圈

七度获得联合国邀请演讲的李·卡罗尔(Lee Carroll)在《新人类》一书中提到:你不会知道你并不知道的事,你的思考无法超越自己现有的知识,所以无法得到自己从未认知过的知识。对于即将来临的事件或想法会如何改变,人们大多一无所知,不会知道每件事可能出现的变化。

当疫情来临时,大部分的人都是用手机搜寻网络新闻,通过微博、微信朋友圈获知最新疫情或防疫信息,如利用哪些医疗方法、哪些偏方可以防疫。

第二章 既来之，则觉知

网上的一些信息是二手数据，而且很多数据还彼此矛盾。于是，我开始深度研究关于"病毒""传染病"的影片，除了关于SARS、西班牙流感、黑死病的相关纪录片，以及与疫情有关的电影《传染病》《盲流感》《流感》，还有FOX台和美国国家地理频道联合出品的《伊波拉浩劫》等剧集，相关的书籍有《下一场人类大瘟疫：跨物种传染病侵袭人类的致命接触》《免疫解码》《瘟疫与人》《大流感：最致命瘟疫的史诗》《瘟疫的故事》《新型冠状病毒COVID-19防护知识200问》等。我了解了病毒的成因和病毒在人体运作的过程与传染的途径，保持多洗手、彻底净身净屋，随时保持高度觉知，维持个人与环境的卫生。于是，我就不再害怕，正所谓知己知彼百战百胜，这也降低了未知带来的茫然恐慌。

总之，面对这样的困局，就要想尽办法，用各种知识来破圈。先将自己照顾好，成为智慧、冷静的觉知者，让自己的医护知识水平上升到"医护师"的高度，把身边的家人亲友照顾好，让专业医护人员有余力协助更需要帮助的人，大社会得到安全的守护之后，你也会相应地更加安全了。

爱者无惧

我们要随时觉察自己深层的频率究竟在哪儿？相较于疫情大爆发初期，现在的你是更安心，还是更恐慌？你是怎么来判别、选取、消化、传播、反应关于疫情的相关信息的？如果随着疫情的持续，你越来越恐慌焦虑，甚至开始做很多恶梦，这是在提醒你所选用的信息视角不够大、不够专业深入，平常也没有适应"变动、变局"，再加上你内在面对变化的反应机制是"恐慌、焦虑"，所以，这段时间你就会以这个频率模板来搜寻相应信息。请检视一下自己在疫情期间，是否一直在盯着疫情新闻的染疫人口数字，或对悲剧故事穷追不舍，彷佛上瘾一样地去搜寻、观看、关注、转发令你恐慌和焦虑的负面疫情新闻，由此滋生出更多让你不安的情绪呢？

法国社会心理学家古斯塔夫·勒庞（Gustave Le Bon）在《乌合之众》中提出一个概念：群体的无意识行为，会取代个体的有意识行为。这种无意识行为的根源不是依据理性，而是依据情感，其行为特征是盲目服从、极端偏执、狂热传播。以这个概念来推想，现代人身处匿名的网络世界，不必考虑其网上的言行可能带来的后果，因此变得更加肆无忌惮。无意识行为的人逐渐聚集起来，会衍生出一股可怕的力量。盲目且缺乏独立思考的乌合之众就是这样无意识地影响到另一群人的。

恐惧的震动频率彰显事物的速度很快，有的人一看到恐惧的信息，连查证都没查证就忙着转发，这表示他的内在是恐慌的，会吸引、放大、创造更多恐惧，这就是网络谣言在疫情期间透过乌合之众散布得又快又广的原因。

外在局势无法掌控，而自己的情绪可以透过觉知来确认并接纳。面对信息，你的第一反应究竟是纯粹出自于自己的本能，还是随着新闻波动而产生较大振幅的亢奋反应？江江老师在《是末日灾难还是重生礼物？新型冠状病毒给我们的启示》中提到：想想看有一个房间，里面有很多灰尘和保丽龙球，如果电风扇开最大风速又左右摇摆，灰尘和保丽龙球就会飞来飞去，黏得到处都是。若关掉电风扇，尘埃会慢慢落下，归于平静，风就是人类的恐慌之源。在这个房间里，如果有人因为害怕沾到保丽龙球，拿着吹风机到处狂吹，会加剧灰尘乱飞、乱传播。如果你也拿吹风机吹

第二章　既来之，则觉知

回去，大家互吹，那这场混乱就不会停止。乱世中的平静，需要人们把专注力收回自己心里，一起把电风扇、吹风机关掉，收起来，如同把恐慌的开关给关掉，大家在自己的空间里保持稳定而不慌乱，疫情就会很快停止散播。瘟疫是一种自然存在的能量，并没有好坏之分，不要憎恶它或视如寇雠，要了解它存在的意义，知道它的产生是来提醒我们什么。如果越来越多的人想到这个病毒时，想到的是它所造成的诸多病痛危害，等于把关注力集中在负面上，那么病毒就会变得强大。如果人类专注在身体的健康稳定上，病毒就会变弱，最终无法附着在宿主上。人很容易被戏剧性情节吸引，请保持内心的平静，面对漫天飞舞的各种消息言论，不管是悲伤的还是愤慨的，不要被借机炒作的言论带动情绪，记得关掉你的恐慌电风扇，保持稳定。行有余力，帮助他人保持平稳。你散发爱与稳定的频率，就能协助周围的人平稳下来。当越来越多人能调整到这样的频率时，病毒侵袭人类的任务就行将结束了。萨古鲁也同样地提醒大家：如果想要让疾病、病毒或是流感远离我们，最好的方法就是不要热切地谈论它们。

智者不慌，爱者无惧。希望大家以智慧的觉察取代无知的恐慌。自我审视一下，我是冷静的智者，还是恐慌的盲从者？这段时间要特别觉察自己的一思一言一行，循"疫"去深度清理负面频率的投影源，不要转发让自己感到恐慌焦虑的文章。恐慌焦虑不会因为大家分担就会变得更少，而会因散播会复制更多恐慌、恐惧，影响更多的人。心安、温暖、信心、关爱也同理可证。所以，你要下定决心释放所有内在情绪的负面影响，让所有的不安、焦躁、愤怒、仇恨、暴力、绝望、沮丧等全部离开，只有爱才是融化恨的唯一方法。如果大家互助互爱，恐惧的集体考题就会迎刃而解，因为爱是维持这个世界的唯一能量。

第二章　既来之，则觉知

可为与可不为

当生命所需要的物质极度紧缺时，你的第一反应是做一名主动创造者还是被动消费者呢？

之前，一则新闻说有一个地方旱灾缺水，村里的人都得走很远的路到别村取水，或是高价买水，但有一位想根本解决问题的村民，去寻找村里的地下水源并挖井成功，不仅解决了自己与全村人的用水问题，甚至还能满足其他村子的用水需求。这次疫情中，我们看到许多人在没有口罩的情况下发挥各式各样的创意，有人用治疗支气管炎的黄槿叶做绿叶口罩，有的人用布缝，有人非常黑色幽默地用卫生棉，还有不少企业将工厂转型成口罩生产厂。当口罩供应不足时，大家也开始想办法用电饭锅、晒太阳等创意方法来"复活"使用后的一次性口罩。不考虑这些方法科学与否，单单这些积极的作为和创意，就改变了许多人平常"用钱不用脑、花钱了事"的固有思维习惯。一旦连有钱都买不到物资，大家就会被逼着用现有的资源，想办法动脑动手去解决问题。还有一些小学老师教孩子怎么做"次氯酸水制造机"，这不仅是进行消毒教育的实验，还是很棒的创新教育，让孩子有能力解决各种问题。

遇到问题时，如果你第一反应是"用钱买"，就需要做出改变了，比如自我升级成"创造者思维"：我如何以现有的资源来解决眼前的问题？如果你想到"我买不到口罩，应该很多人也买不到"时，可以以自己的专业、专长与创意帮自己与大家一起来解决这个问题，协助社会早日渡过难关，你的考题就通过一半了。

另一半的考题是：大家如何深切检讨这次疫情的每一个关键时刻，该做怎样的修正，以防之后再次发生这么大规模的疫情？这场疫情是全人类面临的考试，

第二章　既来之，则觉知

没有人能独善其身。以大我思维联合分离的小我，大家一起过关，大家一起好，我们才能真正变好，正所谓我好、你好、大家好。如果每个人都是以大我思维来利他，那么全球的考验很快就能大事化小，小事化无。以问题解决者取代问题抱怨者、问题制造者，这就是我们集体过关升维的方向和目标。

当人们有了生存的恐惧时，随便一则新闻都会引起集体歇斯底里的恐慌性抢购口罩、酒精、卫生纸、泡面……这个时候要问问自己：你真的需要急着抢购这些吗？你明明还有很多包口罩，每次经过药店时还要习惯性地排队去购买。如果人人都想要做一个"忠实"的消费者，那么资源再多也永远无法填平这个不满的欲望黑洞。我们要从另一个角度向来深度思考：当资源不足时，我们的第一反应是想抢还是想给？当有人急需帮忙时，我们的第一反应是想帮他一起解决问题还是想逃避？

甘地说："地球上提供给我们的物质财富，足以满足每个人的需求，但不足以满足每个人的贪欲。"前阵子网上流传日本某家杂货店的口罩都被抢空之后，工作人员在空空如也的货架上贴了一张纸条，引用了日本诗人相田光男的名句："没有不停的雨，天一定会晴。互相争就不足，互相分就有余。"

断舍离的仅是物质吗？

大疫当前，如果面临收入减少的情况，你的哪些消费就不再必要了呢？

每个人的状况不同，如果你在疫情期间收入不减反增，可以分析一下是否因为你的工作行业与医疗、疗愈相关？你要思考的是在将来，你的工作收入是否

第二章　既来之，则觉知

会有变化与影响？

如果财务紧缩，你会优先省去哪些开销？一些深受疫情影响的消费如旅行、度假、SPA、餐馆、衣服、化妆品、保养品、鞋、包、名表、车、房……列出涉及上述消费的清单，在每一项后面说出自己当初冲动购买的心理因素。

这些"过度消费"的清单，请你记在记事本上。在你的手机上，把相关的广告弹幕关闭，删除购物直播链接。若看到广告而心动，一律先放进购物车，不要让限时优惠挑起你冲动购买的欲望。日后，如果你忘了购物车里的东西，就忘了吧，那表示又是你的一时冲动。不能再无觉知地花钱，否则你的时间都浪费在拼命赚钱，然后又无觉知地拼命花钱购买"炫耀型"商品，用来满足"自我感觉良好"的循环中。如果你知道自己内在潜藏有乱买东西的金钱木马，刚好借着这次机会帮自己做一次彻底的断舍离，并为自己建立多层次财务自由结构，以后就不会再为乱花钱而必须辛苦赚钱了。

萨提斯·库玛（Satish Kumar）提醒人们要对消费意识进行深思，他认为：很多经济与环境问题都源自我们想要炫耀、想要被他人记住的欲望——"游客心理"。我们被自己的小我和炫耀的欲望所纠缠，这已经成为世界性的问题。现在许多信息催着我们去找一份高薪的工作，赚的钱越多越好！正因如此，每个人都想要有辆车，有套房，一个冰箱，一份保险，还要有能力去海外度假。假如地球上七十亿人口都采用如此的生活方式，那我们还需要另外三四个地球，但那是不可能的，我们甚至不可能再多拥有一个地球！正因为已经被严重洗脑了，人们无法放弃冰箱、汽车和他们的生活方式。以消费者为中心的快时尚生活方式带来了三重危机。第一重是环境危机，过度开发导致了环境恶化。第二重是社会危机，资源被少数人占有，这会导致贫穷与社会不公。第三重是精神危机，造成分离感与孤独感，因为对消费主义与快节奏时尚成瘾，削弱了友谊、家庭关系、邻里关系和谦逊的价值。这样的生活方式，已经造成了至少三方面的后果：个人层面的压力、社会层面的压力、环境层面的压力。如果你有车、电脑、电视以及其他各种随身用品，但却没有幸福感、没有真正稳固的人际关系、没有真心朋友、没有家庭生活，那么拥有那些车和电脑的意义何在？质朴是一种积极且智能永续的态度，需要更少的小我与奢华，需要更多的想象力、创造力与感激，简单而滋养的新愿景是用更好取代更多。

如果这次"大疫考"能让所有人从无觉知的过度消费与生产的无限循环中醒过来，我们就能集体过关。

你在参与哪种游戏？

你可以列出就算财务紧缩时也无法免去甚至是多出来的开销，例如食物（外带或外送）、医疗防护防疫用品（口罩、消毒水、酒精、灭菌湿纸巾）、食物等，这都是平时应该准备好的一些应急用品。

除了要在平时生活中准备足够的紧急备用品与备用金，也要检查一下，如果疫情状况继续下去，你的存款还可以撑多久？是几天？几周？几个月？几年？或是一辈子都没问题？尽早抓到你内在的金钱木马程序，补好你的生命地基漏洞，风险变局之下设好安全底线，梦想动力才能无上限。

而你所拟的这些财务紧缩时也无法免去的甚至是多出来的开销，其涉及的产业也正是不受疫情影响的行业。你可以看一下自己目前的工作是哪一种类型的？是否需要调整？正像《有限与无限的游戏》一书中所说的：有限的游戏在于赢得当前的胜利，而无限的游戏却旨在让游戏永远地进行下去。而，你所选取的职业是在参与有限的游戏，还是在参与无限的游戏呢？

动与静的选择

外在环境顺风顺水时，其实不大看得出一个人的本性与本质，只有在逆境风暴期才能看到人与人之间的差异。这次新型冠状病毒像是电影《分歧者：异类觉醒》里的镜宫考场，每个人都在全方位、无死角、从里到外地显现出自己真正的本性。同时，透过社交媒体和新闻，也可以速览全球各种人性大揭密的全景图。

在"疫"图不轨、疫情诡谲多变的状态下，你是怎么面对失控的情绪的？因为无预期的变动多，所以很容易触及你过去的创伤与创痛地雷。在这个时候，你要特别注意控制情绪，因为突来的情绪海啸会让你口不择言，别让自己与身边的人被你的情绪灭顶，伤人伤己，此时造成的后果要在日后修补是很难的。每一次突来的情绪，就是我们"拆地雷"的最好时机，随时察觉并调整自己的频率，最好有自己稳定的心灵信仰，也不要因空虚而迷信万能的力量，重点在于自己的内在是否有稳定的生命地基。

此外，我们在疫情期间可能会看到人与人之间的各种纷争。面对两方的纷争，你不必选边站，也不必急于判断谁对谁错、谁赢谁输、谁善谁恶，超越二元两端的偏狭，你可以练习使用全局观，只要你不卷进敌对与争端之中，不让自己置于暴风圈、台风眼之中，维持情绪稳定与心情平和、保持中道与客观就很

第二章　既来之，则觉知

好。当然，也不要轻易和别人产生矛盾，把与人争执、争辩、争论的时间，拿来闭关、自修、冥想、听音乐、看书、画画、写字、跳舞、运动……这样，人际问题瞬间少了一半，这也是不生气的法则，不预设立场、不带偏见成见、不情绪化发言、己不欲不施人。沉稳的智慧会带你趋吉避凶，不会因失言而造成毁己毁人的风暴，如同萨提斯·库玛（Satish Kumar）所说："如果我们对自己很暴力，我们就不可能对别人非暴力。所以对自己非暴力是第一步，通过冥想非暴力，你可以学会善待自己，善待自己的身体，善待自己的思想，爱与慈悲就会从你身上散发出来。如果你对别人施暴，实际上你也在对自己施暴。当你对别人说出伤人的话时，你就是在对自己说伤害的话，因为伤人的话会影响到你的幸福，你的平静和平衡会被打乱。当你对自己非暴力时，对你的同胞也很容易做到非暴力……如果你很有意识地说话，你所说的每一个词就都变成了冥想。然后你就能知道，你的话对听者有什么影响，你的话会鼓舞他人，还是会激怒他们？ 你会觉知到，你的话语会带来怎样的后果。如果你知道这些，那么即使是日常对话，不需使用伤人或冒犯的词汇，反而会变成一种真实却柔软的语言冥想。"

在"疫"声载道的时刻，每个人都可以勇于表达自己内心真正的声音，但请调频到爱与智慧的频率，这代表你有能力高度觉知自己，也代表你能与变异的世界和平相处。

韩国导演金基德的电影《空房间》讲述了一个被困在极小空间里的人，是如何活出他最大想象力的自由的；电影《肖申克的救赎》中，银行家在禁闭的房间里，以脑海里的音乐让心灵享受自由。所以，自由不是外在身体的移动范围，而是心灵的空间与广度。

学会在平常的生活中，安排极动与极静交替的双重节奏。我有时三周都在国外旅行,又有时半个月都在闭关,让自己在平时就练习各种动与静的本领。无论身体是在外驿马星动,还是在不到十平方米的全黑房间里待上十天,都没问题。我在极受限的空间中更能专注在心灵上,反而会有更丰沛的创作灵感,以不急不徐、优雅缓慢的步调,把现状过到最享受舒服的修行创造模式。

人间很值得

"大疫考"对于我们造成了哪些破坏与崩解?目的是要清理什么?转变什么?重组什么?

在变动之年,我们要特别注意伴侣、朋友、合伙人等这些旧关系的梳理。在重新洗牌之后,在新的关系还没建立好的过程中，会引来较大的情绪起伏，为的是考验我们是否愿意放手让对方有更大的做自己的自由，考验我们是否拥有无条件的爱，考验我们关于"失去"与"珍惜"的课题。借着这一波波如海啸般的冲刷，让我们一起来思考：哪些是以前抱怨，但现在很想念的？如，以前抱怨工作很累，现在怀念有工作真好；以前抱怨出差很累，现在想念搭飞机到国外的美好；以前抱怨上学很烦，现在想念跟同学打打闹闹的日子；以前抱怨爸妈唠叨，现在被隔离后才想念有家人关心的幸福；以前抱怨外面太阳太大太热，现在想能在有阳光照射的草地上大口呼吸新鲜的空气就是很奢侈的幸福……所有的变化，都是反思的最好机会；所有感到不方便的、失去的，都是让你珍惜以前所拥有的。你的日常，或许就是别人梦寐以求的幸福。当你还在跟家人吵架时，有人正在加护病房与死神拔河，大"疫"灭亲的悲剧正在发生……

第二章　既来之，则觉知

麦克·尼尔（Michael Neill）在《改写人生的奇迹公式》里说："活在当下本来就是默认值，我们必须先离开当下，才能回来。等我们不再离开的时刻，就回到最初的原点，就在我们坐着的地方。在低潮时保持优雅，得意时心怀感激，我们便能活得精彩，会更尊敬生命的本质及美好的进展。"所以请每天享受当下，珍惜当下所拥有的，并写下你的感恩清单，领悟萨提斯·库玛所说的：有意识地活在生命的每一刻，把每一天变成完全专注于当下、正念觉知的时刻。无论做什么，库玛提醒我们随时要有意识地冥想，在烹饪时、清扫时、散步时，甚至在睡眠的时候都要冥想。

"感谢"是最快调频升维的方法，只要拉回到"当下感谢"，我们就不会抱怨。那么这场黑天鹅"大疫考"就不是破坏者，而是我们旧生活意识的清理者、转变者，同时也是我们新生活意识的建立者。

前事不忘

如果现在要给未来的自己提建议，你会做好哪些交代与准备？

如果时间倒转到疫情发生前的半年，你觉得能做什么可以避免这场疫情的发生与扩散呢？我们要从过往惨痛的历史中找到预防未来再犯的教训。五年前，微软创始人比尔·盖茨在 TED 大会演讲中提醒道：未来几十年内可以杀掉上千万人的武器绝不会是核武器或是战争，很有可能是具有高度传染性的病毒和生物武器。病毒杀人的速度比核武器还快，而我们人类还没有做好相应的准备。一旦有大型疫情爆发，防疫系统不完善的国家的人民会陷入惶恐，政府会手足无措，导致战争等级的死亡人数出现。正所谓前事不忘，后事之师。请让我们牢记吧！

第二章　既来之，则觉知

倘若这次疫情是让人类的未来更好的转折点，你觉得未来会是一个怎样好的状况？而我们现在可以做什么，是大家在疫情发生前想都没想过要做的事？如果我们要彻底防范下一波疫情大爆发，所有引发或传播过疫情的动物，如蝙蝠、蚊、鼠、牛、猪、鸡、海鲜等，我们如何从人道与卫生方向进行防护，使相关疫情不再发生？有什么是我们现在就可以做的预防措施？我们的饮食、生活习惯是否要改变？例如全面检查食品市场的卫生，并制定最严格的监管要求。当然也包括医院、市场、公共场所、小区群聚感染的预防……这次"大疫考"就是人类同在一个地球考场，所有可能引"疫"的源头都要被阻断，人人都要互相信任、互相合作。

向死而生

无论你是何时看到这本书的,你都可以回想一下,什么事物是你在疫情前很在乎的,在疫情期间或是疫后已经不再重要了?当许多因疫突然过世的人,直接被医院送往火葬场并匆匆下葬,家人连见最后一面、最后告别的机会都没有。在意大利,因疫死亡人数高峰期间,只有神父一人面对全教堂排满的棺木做最后的慰灵仪式,家属不能在场,只能在家哀痛……生离死别的眼泪让我们的心变柔软,把硝烟四起的竞争战场瞬间化成互相取暖的家,唤醒我们要更珍惜家人、身边的人,把时间重新放回重要的事情上。除了拼了命去爱,我们哪还有余力去恨?

当死亡无差别地带走各国的、各阶层的、各年龄层的、各宗教文化的重量级人物或是普通老百姓时,我们就必须重新把生命拉回到轴心:你想来地球体验什么？你能带走什么？又有什么带不走？你能为地球留下精彩的生命印记是什么？

愿我们向死而生。

第三章

循图共舞

2020年4月22日是世界地球日50周年。疫情所引发的危机就如同一只硕大的黑天鹅，将瘟疫、毁灭、饥荒、死亡与苦难带给人类。如果人类能同心协力地面对它，与之共舞，地球就不必再继续生成考题，我们也就都集体过关了。

如果绝大部分的人还是用旧思维看待新型冠状病毒，以为这只是一种呼吸道的病毒传染病，将焦点都放在如何遏止传染、如何研发疫苗上，那么就只剩下很少的人去想这病毒的起因是什么？根据英国《独立报》报导，国家地理学会成员、海洋生态学家安立

第三章　循图共舞

克·萨拉（Enric Sala）博士表示："我绝对确信，如果我们继续破坏环境、毁林，以及捕捉野生动物当宠物、食物和药物，那么将来还会有更多这样的疾病。"

三度获得美国国家杂志奖的戴维·奎曼（David Quammen）在《下一场人类大瘟疫：跨物种传染病侵袭人类的致命接触》中警示了人类：人类造成生态压力和破坏，让动物病原体越来越贴近人类族群，人类的活动如伐木、铺路、火烧垦成的农牧场、采矿、猎食野生动物与滥捕海洋生物、城市开发、污染空气与海洋等，促使自然生态系统以剧变的速率解体、破坏，病毒就有机会跃入更宽广的世界……它能迅速产生大幅度的适应性改变，尤其是那些由RNA组成的病毒有较高的突变倾向，似乎都自有主张。对于那些人畜共通的传染病，不但要关注它是怎么来的，还得留意它会往哪里去。当我们包围野生动物，把它们逼到墙角、吃掉它们并消灭它们时，我们也染上了它们带来的疾病。人类踏进了病原体的地盘,创造了绝佳条件让自己成为新的宿主,也替神秘病原体制造了全新的生态机会,为自己招来下一场大祸。疫情的爆发,代表着我们的所作所为带来的非预期后果,反映出我们这颗星球上两类危机汇聚所生的恶果。第一类是生态上的危机,第二类是医学上的危机,当两者互动时,就结合起来酿成了一种新型古怪且吓人的疾病。爆发出乎预期的疫情,意味着人类的所作所为积累了结果,不仅造成生态上的危机,也造成了医疗危机。病毒出现多种变异就像是变化无穷的试题,给了人类疲于奔命的各种考题。

如果把如何防范和应对新型冠状病毒视为一场大考,从地球的角度来看,有哪些因祸得福的好事会因此而发生,答案可能就是考试的目的。历史学家威廉·麦克尼尔(William H. McNeill)认为:如果从饥饿病毒的视角来看,人类以数十亿具的躯体为病毒提供了壮阔的摄食地。萨古鲁也说："正因为人能快速移动，所以才赋予病毒强大的传播力，人才是最大的传播源。"

我们可以用一个"超想象力"的角度来思考，如果新型冠状病毒是地球要净化自己、蜕变人类的特使，你能推测出它明显的"疫"图与路径吗？它激化了什么，又掀起了哪些茶壶里的风暴？

给重生的礼物

新型冠状病毒是末日灾难还是重生礼物？若人类愿放下三次元的观念，以更高维度的智慧创意来看历史上所有骇人的瘟疫，如黑死病、天花、SARS、埃博拉等，就会发现这些都是由地球自救而生出的。若人类活动产生过多低频率、累积过多负面陈腐能量，就会触发瘟疫病毒，进行全球范围内的能量清理。若人类持续低频率累积，这个循环便不会停止。科技医疗再怎么进步，永远会有更厉害的病毒或瘟疫肆虐，不管瘟疫最初是借由人还是动物散播，真正触发的原因永远是人类意识的频率。如黑死病普遍被认为是老鼠造成的，更深的理由是透过黑死病的袭卷、清理之后，反而促使了人类创造力的爆发，促进了百花齐放的文艺复兴。

人和地球紧密关联，新型冠状病毒主要攻击人的呼吸系统，亦代表着地球的肺和呼吸系统出现了问题（森林植被减少、空气污染）。另一个较隐微的症状是排寒，和人类体内毒素过多、饮用过多冰凉饮品、过度依赖冷气，以及吃下过多调味料有关。因为违反了生物体的天然本性，所以人类会出现流鼻涕、咳嗽、发烧、发炎的症状来驱寒和排出毒素，一如地球会出现森林大火、天灾、虫灾、地震、火山爆发等。病毒不会完全消失，并且还会有变种出现，因为病毒的出现是冲着人类意识层面的问题而来的，有针对性地为某些人而来。它不只是医学问题，我们可以将从古至今的瘟疫、病毒看作大自然给予的震撼教育，也是一个集体清理的过程，这代表沉积许久的旧模式需要被翻转，陈腐的观念有了机会重整清理，促使着当地人民正视某些议题，尤其是其工作形态会大幅改变。如蜂巢式密集的办公形态可能被在线工作的形式所取代，下班后出于组织压力的恼人应酬会被改变，年轻人终于有机会用新的方式展露头角并展现才华，世代阶级也会被改变。

面对未知的恐惧是亘古存在的课题，它们有时会以瘟疫来呈现。病毒是一面镜子，协助人们看到不曾注意的死角，还有不愿意面对的黑暗面，包括人与人之间的不信任、敌对、潜在的矛盾，以及人与世界之间的关系。口罩隔绝着人们的脸部，社交需保持适当距离，一切都要人们回归心的交流，揭开遮盖表象的虚假，感受深层的真实。

病毒是给地球人类的一个提醒，让人类了解生命、爱、疾病、分离、死亡的意义，它将针对不同的人、不同的年龄、不同的文化和国家，进行各种考题的变化，直到我们愿意面对它带来的功课。

全球经历这么长期的"疫考"，直到人类频率由恐惧改变到爱与慈心为止，它逼我们每个人正视身体健康、免疫力的重要性。如果吃药的意念是杀死病毒，这是二元对立的想法，焦点仍是放在病毒上，药所能带来的作用比较少。如果吃药的意念是祝福自己早日康复，感谢药物、感谢病毒提醒我要更珍惜身体，焦点改放在自己身上，可更好地启动自身免疫与疗愈力，这样的作用将更加强大。

新型冠状病毒不只引爆了某些地方深藏的问题，如日本是否要举办东京奥运会的挣扎……在意识上也是一场全面性的翻转，如同一面照妖镜，引发对立、资源争夺，并暴露人性的黑暗面，或是对于某些人产生"猎巫运动"式的口诛笔伐，看似正义却都不是爱的频率展现。然而，病毒只是一种现象，有人展现了团结与爱的行动，如果病毒没有激起那么大的波澜，只是不痛不痒地过去，便不会激起人们深层的检讨。病毒就像是人性的镜子，端看人类如何面对它。

你若有觉知力，不应该只看到各种关于口罩、物资、政策等意见主张，也请让自己真诚地思考：

- 面对这个病毒时，我是恐惧的吗？有什么感受？
- 如果有患者住在我隔壁，我是恐惧的吗？我会怎么做？
- 如果我的亲友或是我自己染疫确诊，我会怎么做？
- 我要如何以具体行动来恢复情绪的稳定和平静？

- 我如何协助他人放下恐惧？我是否愿意把资源共享给更需要的人？
- 我如何在上述情况发生时，用行动展现团结与慈心？

不要排斥或害怕病患，他们虽有各自的课题，但都是非常勇敢的灵魂，以他们的身体来提醒所有同胞关于恐惧和生死病痛的课题。如果没有这些确诊病例，全球人类恐怕还没有机会被震醒。当我们眼中的病人变得有血有肉，就不会视他们为"统计数字"或"恶魔"，在内心永远要感谢逝者的牺牲，感谢所有参与其中的医护人员，祝福病患康复，不分你我地视为一体，把关注力放在爱上，并非恐惧上。

新型冠状病毒几乎袭卷全球，人的意识出现"M型"的极端差异，有一部分人对心灵成长产生极大兴趣并已经开始追寻生命的意义与真理，他们相信有一些方法可以转化现有的处境与心境，不管是冥想、静坐、祈祷、仪式等，不同信仰的人们有着共好的信念，这些信念会引导人们找到办法。另一部分人忘记了自己的善心，他们担忧物质缺乏和生存问题，以为资源是有限的，因而抢购口罩、民生用品，或是每日看着新闻中不断增加的全球死亡数字，站在原地等着被命运的巨轮碾碎或侥幸逃脱，没有为自己负起百分百的责任，他们忘记人类生来就拥有强大的内在力量，误认为自己需要被拯救，却忘了最能对抗病毒的就是自己。

因为这两种人迥异的频率，地球像是被一分为二。想要蜕变重生的人们，会尝试组成像天堂般的新生活模式；另一半人的内心生活承载着无法消融的沉重部分，充满无可逆转的污染，自取灭亡。两种类型的人们像是基因一样的双胞胎，一个往高频率走，另一个承接所有的低频率，处在不同平行时空各自茁壮生长。

低频率将提早走向终结，却能使另一种类型的人们在地球留下更大的可能性，如此设定可以避免整个地球走向无可挽回的地步，让地球因这个拐点往好的方向进展。

由于越来越多的人开始了悟生命，愿意以感激取代抱怨，此刻的地球终于到了黄金交叉点。大家的集体意识偏向和平共好，像是考试及格了，这个美妙的意愿让全体人类有机会可以相互扶持，一起渡过难关。

然而，问题还是要解决。长期以来，人类因追逐名利所创造出的低频率，产生了如沥青般浓厚黏黑的负面能量，使人们困顿其中，衍生出更多不必要的"污染"。比如说，人类因为想要永远占有某一些资源，不与其他生物共享，把天然的动物、植物赶出了生存地，将自己变成金钱的奴隶来支付过多的欲求，一个欲望接着一个欲望，最后演变成环环相扣的恶性循环。如果这些创造力能用在大家与地球共好的方向，该会是多么伟大的创造。许多人日夜辛勤忙碌，却破坏了原本是天堂乐园般的地球，亲手将地球变成现在的模样，用看似繁盛富裕却损害地球的生活方式，创造出自己总有事情忙不完的负能量循环，像是仓鼠虽拥有整片草原，但却自困在旋转轮中拼命地往前奔跑。然而，大多数人困在自己编织的大网中动弹不得长达一生之久，忘记了自己曾经多有创造力量，忘记了自己可以有多宽广。

新型冠状病毒给人类最大的当头棒喝，不是我们要做什么，而是我们不要再做什么。不做污染地球的事，天空反而是蓝的，水反而是清的，空气反而是干净的。地球的资源足够供应所有生物健康、自由地生长，但贪婪会让资源永远不够，把自己逼进一个非常不健康的生活境地。为什么要封城？是要让人们回到家去思考，你到底要什么样的生活？还要重蹈覆辙吗？这是一个难得的空档，请停下来问问自己，我能够不要再做什么，不要再被人类累积了几千年的事情困扰，重新跟地球一起呼吸，回到日出而作、日落而息，跟着大自然的节律，自然而然地丰盛富足地生活。

想要快速通过"疫考"其实非常简单，关键是我们要意识到人类在地球上扮演怎样的角色？为什么我们生而为人？找到来自自己内在源源不绝的力量，我们会稳稳站在不被影响之处，同时也能协助那些忘了自己是谁的人找回站稳的力量。

新型冠状病毒是要来提醒我们：

改变观念。抛弃禁锢自己的思想，以开放的心态拥抱世界的未知。

生命可贵。珍惜身体，保持平衡，要互相珍惜，不要互相对立攻击。

珍惜环境。发展科技时，地球的环境也要永续发展，重新选择可以与地球共存共荣的新生活方式。

地球从更高的角度给我们的启示是：留下来的人和被死亡带走的人同样伟大，同样的被宇宙深爱着。选择留下来的人，担负着沥青缠身般沉重的能量，带领大家走向未来共好的道路；离去的人则用肉身的消逝带走了地球最沉重的能量，他们直接带走了最难的课题！我们向牺牲者的离世致敬，但不要哀伤，如果打开生命规划的蓝图，会发现死亡是一种非常伟大的选择，暂时的肉身虽然不能再使用，别忘了看见肉身局限之外更大的部分。关于记忆、情感，那些爱的频率的展现，会永远留在其他人的心里。

爱是人类最好也是最重要的礼物，如果只因身体化为尘土就觉得失去所有，那只会忽略更重要的部分。你活出什么频率，比肉身是否存在更为重要。亡者没有真正离去，他们所激起的庞大恐惧，使人们愿意正视新型冠状病毒带来的考题。想想看，如果大家只是感冒，没有人死亡，人们愿意停下运作已久的旧模式吗？人们愿意深切反思并下定决心找寻与地球共存共荣的新生活方式吗？被污染的地区有机会重新长久地看到蓝天吗？鱼儿会有机会回到威尼斯的水道中，让居民再次觉知与万物共存之爱的感动吗？

这次疫情跟过往瘟疫的共同关联是，看似残酷的挑战，其核心都与祈盼各区域的人类团结、诚心共同合作、达成美善的共识有关，依赖于整体意识频率而定。当越来越多的人面对病毒时保持内心安定，调整好意识并愿意回归最质朴的真善美，多数人展现的正向频率与行为到达一个程度，这个威胁就会自然消退，这才是这场疫考过关的关键，掌握此关键即可处变不惊。"疫考"过程中，会涌现出几位伟大的英雄。其实，每个人都是自己生命旅程中的英雄。

（以上为江江老师的分享）

地球十二大"疫"图

人类生活在地球上，以为自己是万物之主，却忘了地球才是主人。如果我们没意识到这个真理，一再自以为是地破坏地球生态，视地球为"无意识"的空间，那么这场疫情将难以控制，这就逼得每一个人不得不去直面超越人类强大力量的地球。我们敬称地球为盖亚母亲，如果我们不尊重她，灾难就不会中止。从远古部落流传到现在的神话里说，土地不是从我们祖先那里继承而来的，而是我们向后代子孙借来的。

所以，切忌过度地"消费"地球。

地球被人类污染，已让她无法呼吸。疫情让全球人戴起口罩，也让人类体验了快要窒息的状态。同时，海啸让我们看到地球把海洋中的垃圾抛回海岸，还给了人类。

美国网络作家薇薇安·里奇（Vivienne R Reich）所写的《新型冠状病毒致人类的信》从病毒的角度表达了地球的"疫"图：地球过去以各种方式向人类呼吁停止继续破坏环境，但都没人理会，所以我让你们发烧，因为地球在燃烧；我让你们呼吸困难，因为天空充满污染；我夺走了你们的舒适自由，我让全世界停止，现在空气和水都变干净了……

如果新型冠状病毒是有"疫"识的，你觉得它到底想干什么？如果地球有"疫"图，那会是什么？目前这份"疫"图完成了哪些部分,还有哪些仍在继续生成与进行中?如果这场大疫考的目的如此清晰,我们能一起加速完成并集体过关吗?

归还

先来分享一则让我感动的故事。

在意大利,93岁的老爷爷在住院病情好转之后,被告知要付一天的呼吸机使用费时哭了,医护人员跟他说不必为了账单而哭。他说:"我不是为了要付钱而哭,我是为我已经呼吸天地之间的空气93年从没付过钱,而在医院使用一天呼吸机就要很多钱而哭。算下来,我不知欠了上天多少钱。"

这个故事给我们敲响了警钟，不要等到失去了才后悔以前没好好珍惜。有一则令人悲伤的新闻是，在国外医疗设备严重不足的医院里，呼吸器被迫留给年轻人而放弃老人家……现在抢的都是以前不珍惜的，我们都忘了原本干净的空气，是地球源源不断地免费供给我们的。地球上的树木带给我们水果、树荫、木材、芬芳，我们是否感激过它们？水可以解渴，让我们的身体焕然一新，还可以灌溉土地，我们可曾感谢过它？地球是仁慈的主人，我们是它诚挚的客人吗？

疫情期间，虽然我们无法成为亲戚朋友的客人，无法与他人拥抱，但每天抱树五分钟就可以纾缓压力。卡卡杜国家公园的护林员表示：当我们拥抱树时会感觉到树的存在，并感到一股暖流从树传回来给我们。

如果环境允许，你可以每天赤脚在草地上抱树五分钟，与大地母亲深度连结。我们的肺就是地球的枝叶，我们的气管、支气管就相当于我们在地球上赖以维生的气根，以吸气吐气的方式连结到地球中心，与地球一起脉动，享受呼吸的美好。平常尽量到大自然里有树的地方做深呼吸，双脚踩在草地上接地气，想象我们是以地球之肺来呼吸，把光、爱、温暖、信任与强大，吸进每个细胞成为恒久的振动频率，然后将恐惧、害怕吐尽，把不需要在身体里、心里、情绪里、生活里的负面频率，以及因恐惧而产生的念头释放。你继续深呼吸，继续帮自己赋能，继续保持在暴风雨的中心，如如不动地想象你正呼吸干净无菌的空气，把信任、智慧、放松、稳定、宁静、心安……吸进来，让大自然为我们带走恐惧不安，带回滋养我们的能量。只要我们内心不再有以恐惧喂养恐惧的风暴，保持在爱的互助频率之中，就能有足够的耐心、体力与能量，等待暴风雨的消失。

倘若地球上的每个人重新珍惜能够呼吸到干净空

气的可贵，就不会有人为了经济利益污染空气。生命比金钱更重要，失去了生命、金钱，也会失去意义。如果你不懂得这个基本道理，将来付出的代价就是使用昂贵的呼吸机。请大家一起努力，以疫情期间空气质量最好的那天作为起点，甚至作为越来越好的标准，不再滥垦滥伐、火耕烧垦，通过植树造林恢复家园旁边树林的茂密。

恢复

因捕捞停工，河海里没有船打扰的水面变得清澈见底，海洋、河流开始出现了鱼群回流……对照疫情期间多艘游轮相继发生群聚感染，我们要揣摩地球的"上意"是非常简单的。游轮一下子乘载数千名观光客，本来就会对该河道或海洋生态造成影响甚至是污染。

第三章　循图共舞

地球不会喜欢太多巨型游轮持续干扰原本清澈的水域，如果地球的意识是"疫中求同"，那么它应该希望人们合一和平，而不是彼此防御、威胁与攻击，所以船只上会发生严重的疫情也就很容易理解了。

此外，全球近百分之九十的鱼类面临过度捕捞，越来越多的鱼类已经无法继续生存，再加上层出不穷的生态危机、海洋资源枯竭，海上暴力与虐待渔工等问题频传……海鲜市场的污染，让吃海鲜的食客锐减，减少了对海鲜的需求，也减少了出海捕捞海产品的船只。如果地球为了保护海洋生态出此下策，请问你还能想到更好的方法可以瞬间中止人类疯狂的捕捞吗？仅从大批海产品因疫情滞销被销毁，就可以知道我们是如此贪婪地掏空海洋，所以恢复水源清澈、保护海洋生态是这次地球强力自保的"疫"图。

自给

你可曾想象动物跑出来逛大街的场景：奈良公园里的鹿上街觅食，马在意大利的街上闲逛，羊、牛、鹅、鸡、野猪纷纷走上街头，没人对它们按喇叭……其实，以上的场面都是真实发生过的。

于是，我们才意识到人类大面积的建筑占领了生物的栖息地，大量砍树剥夺了鸟类的栖息处……我们霸占地球太久，它们终于短暂光复了自己的失地。人类的无为，也是对地球的贡献。

在疫情期间，许多人都被隔离在城市的大楼或公寓里，而我的澳洲音乐家朋友 Edo 则是在自己修建的生态森林家园的溪水边弹着吉他，与家人、动物一起享受生活，似乎完全不受疫情影响。难怪有人说，如果这次疫情完全没有影响你，可见你活得有多边缘化，

第三章 循图共舞

而这个"边缘化"的生活方式正是大家所渴望的，也会是未来人类与地球原生态共存共荣的趋势。

现在我们应该思考哪些生活方式是出于恐惧焦虑而创造出来的，许多看似便利的生活方式虽然省时但却污染了大地，这些都要立即更正。我们也要同步创造出能与环境共生的新生活方式，如果每个人都常常游历于大自然之中，大地的距离够广阔，我们就不容易群聚感染。一如《地球朝圣者》中所揭示的：关于人类生存、地球生态、经济危机等看似很宏大的主题可以从最日常、最不起眼的事情做起，使每个人对自己，对世界负责。我们可以用两种方式把自身和地球连接起来。其一是我们可以扮演游客的角色，把地球看作是我们使用和享受的商品、服务的源泉；其二是可以扮演地球朝圣者的角色，怀着崇敬感激之情行走在这个星球上。旅游者视地球和自然为对自己有用的资源，朝圣者则认为地球是神圣的，他们能够识别所有生命内在的珍贵无价。生机勃勃的地球，带着所有的优雅和美，本身就是美好的存在。有机农业、可再生资源、地方经济和转型城镇的新世界正在出现……人们都将使用太阳能种植，食用有机食品，活在自给自足之地，建立稳定的生态世界新秩序。

《鸣响雪松》系列书籍正是一套教人类如何与自然共存的生活蓝图，它把未来最美好的生活方式以及实践的方法，逐一写入其中。如，每个人应该各取得一小块土地，全心全意创造真实的"天堂乐园"，面积再小也没关系。我们一起来把自己在大地球的小土地变成盛开的花园，如果数百万人在各个国家都这样做的话，整个地球就会变成盛开的花园。届时不会再有战争，因为数百万人都会沉浸在伟大的共同创造之中。这套书的作用已经显现，已催生了俄罗斯数百个生态聚落、全球超过数万个生态家园成立。

低欲望

过去，因为追赶时尚，人类生产了过多的衣、配件、鞋、包、毛巾、寝具、单车、汽车……许多人用过即弃，造成地球的严重污染。疫情让多家工厂停工，这反而一方面减少了供过于求的物质污染，另一方面也让人们反思自己的欲望是否已远远超过生活所需。

许多更新很快的服装时尚品牌，在疫情期间也开始生产口罩，酒商开始改卖消毒用酒精……这都是强迫人类把对外在形象、社交应酬的需求，转向为对自己健康与公共卫生的重视。但我们能否以今天为例，环顾一下你所待的环境，有多少物品会因你日后抛弃而造成地球污染？我们是否能尽量减少购买会危害地球的过度包装的商品？如果你是生产商，是否可以开始转型升级为对地球完全无害的产业或制造方式呢？

安内

"你真怪,怎么进了意大利军队?"

"也不是真正的军队。只是救护车队罢了。"

这是来自于海明威所著的《永别了,武器》里的一段对话。然而,这也是真实存在的情景。

疫情突然大爆发后,各国的医疗设备、救护人员、殡葬业工作人员严重不足,政府被迫要动用军队救援,如维持秩序、制作口罩与防护衣、协助殡仪等。如果各国愿意放下攘外的游戏,愿意一起互助共好,将庞大的军事预算转移为全民健康医疗教育与地球保育,把军队改为救援队去帮助需要的人,那么这场人类"疫考"就会往快速通关的方向进展。

平衡

这次疫情让人最意想不到的是，个别国家为了防止群聚感染，释放了监狱中的囚犯。这让我们思考：如果我们从家庭环境、学校人本教育开始，培养好每个人的道德观、互助互爱，社会经济不再因贫富差距造成太大的失衡，是否可以尽力把所有犯罪动机都消除呢？关怀照护精神有状况的人，不让他们变成社会上的不定时炸弹，没有犯人后自然也就不需要监狱。

维持人类的公义与平衡，往根除犯罪动机、降低犯罪率与再犯率的方向去努力。只要有一天，犯人、监狱从地球上彻底消失，那么这场"疫考"在人类进化史上就意义非凡了。

找回

韩国新天地教会引发群聚感染，最先打破的就是对盲从者和崇拜者的迷思。麦加大清真寺花岗岩卡巴天房空无一人，梵帝冈空荡荡的广场只做祈福弥撒，教堂与寺庙不约而同地关闭，各大宗教集众节庆活动也一一取消……一如《地球朝圣者》书中所述：任何事物都有两个维度的存在——看得见的维度和看不见的维度，而那看不见的维度就是神圣的维度。本来神性、佛性就是精神的，不是身体与外在表相的。疫情让信徒们暂时地从圣地仪式、形式中离开，回到自己的内心找寻本性与心安。

自省

疫情在最短时间之内强迫多数人口轮流"闭关",强制按下工业巨轮的暂停键,这是全人类集体闭关的难得机会,这让许多人开始思索自己的人生意义。也因为疫情隔离的关系,大家得关起门来面对自家的课题,逃也逃不掉。此外,平常会闭关修行的人,并不觉得突然被禁足或被隔离有多么孤独、多么痛苦。这次大疫考基本上就是把内在未修的功课,全都搬上了你的考场。

疫情可能会让局部地区发生粮食危机。我们应该用全球观来思考粮食分配不均,或因物流供应链断掉所造成的问题。有的地方生产的粮食因断航运不出去而腐烂,又有些地方反而无法获得基本生存的口粮。然而,平时有减食、轻断食、排毒经验的人,并不担心粮食危机。我们每年可以安排定期闭关,自省自修至少两周，强迫自己从机械化的节奏中停下来，反思人生是否偏离了大自然的生命主轴，并断开不健康的饮食习惯，这对自己的身心健康是无比重要的。

考验

为了追踪感染者的足迹，许多人的隐私都被大数据所掌握。某地一张扩及数十人的感染地图，曝光了人与人之间隐秘的交往关系，这引发了个人隐私与信息公开的争议。但可预期的是，未来的人会越来越没有秘密与隐私。

接下来，马上进入的是人性考验的第二波，考的是科技软件是否有助于人们变得更好、更安全，并防止居心叵测之人拿用户的大数据变现。当无秘密、无隐私的时代来临时，良善的人会紧密地互助互爱，非良善本意的人则会制造更多的恐惧与不信任。也就是说，科技越进步，放大人性善恶的能力就越强。所以，想要大家一起好，就必须以良善为前提，如此才不会出现科技越进步，世界越慌乱的局面。

共生

国际慈善组织乐施会预估这场疫情会让全球至少五亿人沦为贫穷人口，贫富差距扩大成了生死差距。电影《寄生虫》《釜山行》《雪国列车》里的场面在全球各地真实地上演：一无所有的贫民连躲疫的住所都没有，在环境恶劣的街头被不人道地对待，处于群聚感染、断粮、饿死的危机之中。

萨古鲁说:"爱是人的质量,爱不在于你做了什么,而在于你是个什么样的人。"令人感动的是,有的老板再辛苦都坚持不辞退员工、不减薪,有的房东免除了房客几个月的租金。美国亚拉巴马州的一家工厂的老板帮员工交房租,帮他们支付账单。加州洛杉矶的许多饭店和餐厅因疫情关闭后,当地慈善团体设立食物银行,给大批失业的服务业员工发放新鲜的蔬果和食物。还有,英国100岁的罹患癌症又动了髋关节手术的汤姆·摩尔爵士,借助助行器在自家花园走了一百圈,筹得巨款帮助遭受困顿的人。患难见人性,人类彼此互助的共生关系成就了美好的世界。

珍惜

新闻里说：一位95岁的二战大屠杀幸存者在护理院中被隔离，他的女儿搭云梯升到9米高的护理院三楼窗边，跟父亲挥手表达关心，向父亲问安。

这让很多人开始反思：自己每天都可以轻易见到父母，但却有各种理由与借口不回家探望他们。难道真要等到疫情出现，彼此难以相见，才后悔不已吗？

疫情大规模地感染人类甚至带走许多性命，幼至婴儿、大至百岁老人，很多时候我们连告别的时间都没有，这是在提醒活着的人要珍惜生命与身边的人，把握当下，与人和解，及时表达爱。

合一

李·卡罗尔（Lee Carroll）在《新人类》一书中提到：细胞以人类未知的方式协同合作。每个细胞都知道彼此在做什么，以产生化学与电的平衡，使全体朝同样的智性目标努力。当人体数以兆计的细胞可以合作并活得长久、能协同运作且尽量生存下去时，为何仅由几百人凑成的团体会功能失常，甚至社会组织的规模愈大，工作表现就愈差呢？

这次全球"大疫考"，直接考的是人与人之间、国与国之间的真实关系。比如一开始发生疫情的国家或地区，被其他国家或地区的人排斥、攻击、伤害，而当疫情侵袭这些国家时，他们也会体验被排斥、攻击、伤害的感受，就像是一场快得不得了的现世报。个人层面也是如此，一开始不小心被感染的人是这场"疫考"的先锋考生，他们体验了被隔离、排斥、攻击、伤害的痛苦，其他人却对此漠不关心，甚至是幸灾乐祸。

在电影《泰坦尼克号》里，无论贫富，所有人都在同一艘船上，生死之别在于人在救生艇的内或外。如今在这场疫情下，不论各国的管理水平是先进还是落后，不论人是年轻还是年老，不论是健康者还是有慢性病者，全世界的人也都处在同一艘船上。地球只有一个，人类没有其他星球可以逃生，唯有彻底做好隔离才能挽救更多的生命。分隔对立是阻碍人类合一的灾难，就像在一艘快沉的大船上，如果还在互相指责是谁造成船撞上冰山的，就会使更多的人溺死在水里。也就是说，在这个地球上，只要有任何一个国家还处于疫情中，我们任何一个人就都无法安心、自由地行走在世界上。

《人类简史》的作者尤瓦尔·赫利拉指出：全世界

需要共享信息,需要全球合作互信的精神,各国应该公开信息,谦虚地寻求建议,并且信任所收到的数据和见解。我们还需要全世界一起努力来生产和分配医疗设备,尤其是测试仪具和呼吸机。与其每个国家在本地生产并囤积设备,不如全球协调一致地努力,这样可以大大加快生产速度,打破国籍与地域的界限,从人类的角度更公平地分配救生设备,并将关键的生产线人性化设置。然而,目前部分国家几乎没有做这些事情,国际社会陷入瘫痪。当前流行病让人类认识到全球不团结将会带来严重后果,人类需要做出选择。是走全球团结的道路,还是继续各据一方?如果不团结,不仅会延长危机,将来还可能会导致更严重的灾难;如果我们选择全球团结,不仅可以让我们最终战胜新型冠状病毒,也能成功抗击所有未来的流行病。

一如《地球朝圣者》一书所述:你能够正确地看待你周围的世界吗?世界表面上看起来是分崩离析,

实际上人们是更加紧密地团结在一起的。正在分崩离析的是旧世界、旧意识、旧经济和旧的商业模式。经过这种崩离,一种新的意识出现了。

如果大家愿意集体选择爱与和解,而非恐惧与仇恨,想办法以现况、现有资源互助共存,愿意化敌为友,以升维合作取代降维攻击,就能一起观想"我好、你好、大家一起好"的愿景画面。倘若我们现在就调到这种频率状态,将来疫情就不会这么大规模地影响我们了。当全球的分离意识转为合一意识之时,这场梦就能瞬间醒来,我们就不必再补考,就能集体过关!

第四章

五元赋能与翻转人生

我在《变局创意学》中提到"从重估风险到风险共存"：当越来越多的变化、风险超出经验和预期，我们除了尽人事、事先预想预防之外，还需要调整自己的风险承受能力与应变力，最高境界就是要与风险和平共存，让自己在面对变局时保持最大幅度的弹性。从地、水、火、风、人（自己）五大元素谈风险与应变的准备也非常必要。

当地、水、火、风、人五大元素是正向时，就是我们的助力，但如果是负向，就变成了我们的风险。正面思考不是不去看负面，而是无论面对什么问题都

第四章　五元赋能与翻转人生

以正向积极、不逃避、深度反思、高度觉知智慧、稳定有力量的态度面对。《土拨鼠之日》这部电影是每个人必看的生命教材，特别是主角在哪些关键点上做哪些不同的反应，就是我们翻转自己以及全人类剧本的提示。2020年的春节假期里，大家一定有一种感觉，怎么每次早上醒来都还在放假，而且越放越长？感觉这个春节一直过都过不完……但这部电影告诉我们，即使是同一个世界、同一套生活剧本、面对同样的人事物，只要应对的方式不同，结局就会天差地别。这部电影在二月二日这一天的最终"大我"版本是男主角菲尔一个人到处救全镇的人，因为他已经全知整个镇的人会发生哪些状况，所以他以一己之力，来完成全镇人的救赎。如果每一个人都能从"小我思维"升级到"大我全局"，一起调到"大家共好"的频率来过今天，那么地、水、火、风都将是全人类的协同助力，而不再是频频出题的考验阻力。只有集体协作才能过关，进入二月三日的新生活。

让我们以风险应变学的概念，从前10年的全球风险大数据库中，为自己、公司、社会，设立地、水、火、风、人五个元素的风险底线，以不变应万变，让自己的生活与工作，足以应对未来10年以上的风险。

2019年底，电影《冰雪奇缘2》揭示了2020年是蜕变之年，在变动中聚合地、水、火、风四大元素能量之后，把自己的天命放在正中间。连接这四大元素的关键力量就是自己。就像种子必须在壳里把自己保护好，专心滋养自己之后才冒出芽来，变成大树，才能结果、成荫。

如果你一直想帮助别人，先问问自己是否应该要先帮助自己？你潜意识里是否也期待别人帮助你、关注你、赞美你？要记得随时提醒自己：你的人生由你自己做主，对自己好一点，勇于对你不需要的、不想要的说"不"，不要因为怕别人不高兴而出卖了自己的快乐。任何事，只要你够清明、有智慧与爱，就由你说了算。

当你有力量时，也就有能力找回主权，保护自己以及周围的人。如果把每一天当成是最后一天来过，如果今天是人生的最后一天，你还会担心别人的看法吗？这样你就不会把宝贵的生命浪费在"在意别人的看法"上了。做真实的自己，清楚自己真正要什么，为自己的每一个高维智慧的决定百分百负责，稳扎稳打，确定自己一思一言一行的频率都符合爱、信任、勇气、自信、创造力的方向，确定导向自己想要的结果，才不会因恐惧掉进觉得自己不够好的人类木马程序中。

所以，当我们从风、火、水、地四大元素的深度思考，帮新版的自己灌入这四种元素的能量，置于天命之中并为自己赋能，也等于充分准备好自己未来成长所要的环境。

风

风的负向元素，最具代表性的就是透过口沫空气传播，可能引起大范围的传染病。风本是中性的，无好无坏，但相对于人而言，会带来负面影响的风是台风、暴风、龙卷风、焚风，可能引起流感、瘟疫、呼吸道流行传染病、蝗灾等。风也代表沟通的传播，包括假消息的传播、负面消息的传播等。如果我们目前的生活，以及正从事的工作、行业正受负面风元素的影响，可能会造成什么？

如果你是歌手，你的主要收入来自音乐专辑与演唱会，那么台风、暴风、龙卷风、焚风……这些负面风的元素会让你无法举行演唱会，你需要在筹办巡回演唱会前就预想到万一这种情况发生，要做怎样的应变？如果你身处负面新闻或语言霸凌里，第一时间该怎么办？

电影《囧妈》临时从院线上映改为在线免费观看，这就是2020年电影产业快速应对特殊时期的实例。

如果你现在是医院里面对疫情的一线医护人员，能否一边工作，一边思考：将来把这些经验写成书或拍成纪录片，作为大家对疫情更深度的反思、对未来医疗软硬件设备更新的建议？如果将来有普及每一户人家的在线医院，你觉得应该具备哪些防疫与保健项目？

你只要在风元素的正向面，全方位地思考自己的生活与工作，顺着风的方向设立梦想目标，同时也要避免负面的风元素的影响，设立保底的应变风险线，这样才能在变动剧烈的局势中保命保本。

火

巴黎圣母院大火、日本冲绳的首里城大火、巴西亚马孙雨林大火、澳洲大火……造成各地区，也可以说是全球的巨大损失。2020 年 1 月，墨西哥和菲律宾的火山爆发、韩国电影《白头山》都提醒我们，要提早拟定对火的应变策略。

除了密切关注火的动态，我们必须要正视的还有：如何降低气候极端化所造成的高温、减少森林火灾，如何以高科技升级森林大火的预警系统与实时救火设备等。这必须要有全球共识，因为一个地方发生大火后，所污染的空气是没有国界限制的，所以环保意识与更严格的环保规章将会影响到各行各业、各种人群，例如快时尚行业也会因环保意识的加强而停下风行的脚步。

你能否列出十个以上会因环保意识加强而必须转型的行业？这些行业如何预先准备？你的工作所在的行业、你的生活环保吗？哪些地方需要提高环保意识？还有哪些好的环保生活方案还没被发掘出来？这些都潜藏着未来的商机。

总之，你只要往大家好、地球更好的方向努力，利用火的势，顺势而为——生活就能过得红红火火、生意也会经营得红红火火。

水

每一年全球都会有一些地方发生水灾、洪水、海啸、雪崩。请仔细检查自己的住家环境、自己的工作职业，看是否会有与水相关联的风险？你家的排水系统如何？净水系统是否安全？你重复利用过水的循环系统吗？如将洗澡后的水过滤后用于浇花。

你的生活、工作职业结合水的思考后，会有哪些可能性？无论是正面的或是负面的，你都需要预想一下，做好像水一样的柔性准备。

第四章　五元赋能与翻转人生

土

我们每天都把脚掌踏在这块土地之上,感受她的支撑与力量。把土的议题带进自己的生活、工作职业的思考,会衍生出哪些呢?

《地球朝圣者》一书中提到:我们的角色是去接生新的体制,我们必定要创造新型农业、新型教育、新型生产体系、新型卫生系统等。当这个旧有的、过度开发资源的、产生浪费的体制即将灭亡的时候,我们需要准备好新体制来取代它。我们需要改变和超越,而不是试图控制它,或深陷问题之中。我们要找到并专注于解决问题的方法,超越琐碎的个人利益。危机意味着危险和机遇,是一种变革的机会,我们寻求的转变,是从自身利益、公共利益转向共同利益,这只有通过爱才能实现。爱大地、爱河流、爱森林、爱父母、爱生命、爱动物、爱彼此……爱才是真正的力量。

你的生活、工作职业加上"土""地""大我大爱"等级的思考，会有哪些可能性？无论是正面的或是负面的，你都需要预想一下，做好你的准备。

人

除了地、水、火、风，第五个元素就是自己，我们可以放大解读为人。

疫情让不少人多了假期，与家人居家隔离而有了更长时间的相处。大家因此吵得更多，还是感情变得更好了呢？电影《囧妈》中男主角伊万与母亲在开往俄罗斯的火车上狭窄的车厢中相处了六天六夜的故事，想必会让你对亲子关系有更深刻的思考。

第四章　五元赋能与翻转人生

在全球的各种风险中，有天灾也有人祸，有些是因人为疏失而造成的灾难，有些是金融风暴，有些是人心愤怒、仇恨引发的暴乱和恐怖攻击等。当我们身处情绪暴发或局势混乱时，记得先不去做任何反应，不说任何话，不做任何事或决定，把自己先从风暴圈上移到风暴眼。我们能做的就是先让自己的内心稳定，不焦虑、不恐慌、处变不惊。想象自己正在升起的热气球上，在半空中遇到暴风雨时，你唯一能做的就是往上升到无风无雨的平流层，在高处以自己稳定的频率影响周围的人。其次我们要关心周围的情绪炸弹，比方当你发觉有人快要情绪失控时，你能否及时找到聪明的方法或内心强大的人来安抚他？

倘若自己或周围的人因情绪陷入低谷而忧郁，你能否自救或救人？这几年焦虑症、忧郁症患者逐年增多，再加上疫情与失业触发了这股巨大的忧郁暗潮，这些都是潜藏的身心疾病。在这个状况下，你是否能随时帮助自己、帮助周围的亲人朋友,以及帮助与你萍水相逢的人从情绪的低谷中挣脱?

让我们以积极的、建设性的、创造性的思考,取代消极的恐慌、恐惧、焦虑与抱怨。用安心的频率与行动保护自己与家人。

我们现在平安健康地活着,光这点就很幸福了。幸福是一种心态,与当下的状态无关。所谓的幸福,就是要先感激自己已经拥有的,而不是抱怨人生、抱怨自己没有的,因为这两种想法的频率天差地别。也就是说,当你现在开始发送感谢的频率,就会吸引更多值得你感谢的人、事、物向你靠过来。如果你现在身处抱怨、愤怒、不满、委屈、受伤、心有不甘的情绪漩涡里,你所发出的负面的频率就会吸引更多这样的人、事、物向你靠近。

第四章　五元赋能与翻转人生

每天早上醒来，提醒自己要有仪式感地起床，播放神圣宁静的音乐，微笑着感谢全新一天的到来。可以用初榨的、无添加剂的椰子油漱口……礼敬自己身体的每一个部位，如同进行祭拜仪式一般。几年前，我去印度阿育吠陀中心排毒疗养时，为我用草药按摩的女服务员对待我们的身体很精心。我们更应该充满爱意地对待自己的身体，因为身体就是我们内心的神殿。

如何让自己不会因焦虑而暴饮暴食，不会因为焦虑去吃油炸辛辣的食物增加过多的体脂，不因为缺乏爱而去暴吃甜食甜点？当我突然想吃油炸甜甜圈时，想象甜甜圈的滋味，但不是真的买来吃。当我想象吃甜甜圈时，我的想象真的会满足自己的身心。你最好在家中的冰箱里、工作的地方都不要放甜食或垃圾食物。如果突然又想贪食，试试用想象的方式，或把自己调到丰盛的频率，用音乐、创作、舞蹈或静坐都行。

吃正餐时，你可以在心中对食物表达感谢，因为感谢的频率有助于你的情绪稳定、健康与消化。每一口都要细嚼慢咽，最好每一口都嚼三十下，你的大脑会以为你已经吃了三十口食物，就不会再产生饿的信号。

记得饿了才吃、不过量地健康饮食。你吃得越健康，就会越显得越年轻。请不要因为觉得自己不够瘦而刻意激烈地减肥。我看到很多人因为觉得自己不美而去整形，但往往会越整越丑、越怪，有的人还因此损害了健康与生命。我的秘诀是：不跟别人比，好好活出自信美的自己就足够了。让自己如神仙般地活在人间，一定要尊敬、珍爱自己的身体，让身心随时处在丰盛、美好、幸福的频率之中。

独处的日子里，你可以想象自己站在地、水、火、风之中，打开心中爱的总开关，随时清理旧印记、旧情绪（莫名的焦虑、恐慌）、旧模块，做好身心大扫除，至少不再以旧的负面频率继续毁掉你的生活。每个个体的生命质量对于人类集体命运的翻页非常重要，关系着接下来的新版本，请准备好一起蜕变。

萨提斯·库玛曾说过学习的方式有三种：用头脑去知晓、用心灵去感受、用身体去实践。《地球朝圣者》一书也提出了宝贵的生活建议，这份清单可用来当作每日生活的校准方针：

- 爱自己，不用暴力的方式对待自己，不受限于固定的教条。
- 信任孩子、爱孩子本来的模样，不过度干涉、不控制。
- 尊重每个人的不同之处，不试图改变。
- 爱护地球，减少环境污染和资源浪费。
- 选择质朴的生活，不买不必要的东西、一次性物品、过度包装的商品。
- 了解自己真实的需求，不为物欲而购物。
- 自主选择吃的食物，选择自然、有机的食物，有条件的话可以自己种植。
- 有时间时就用心烹制食物，并与亲友共享健康美好的食物。
- 看到每一份金钱后面的能量和去处，去支持美好的事业。
- 工作不以赚钱为目的，而是享受专注的过程。
- 带着心意说话，把温暖和鼓励带给他人。
- 用心工作，把工作打磨成一门艺术。
- 支持手工业和本地经济发展。
- 无忧虑、无恐惧、无过度欲望地认真生活。
- 定期与朋友相聚、分享，不带评判地倾听，彼此滋养和支持。
- 以正确的生活之道去生活，不损害自然、不剥削他人、也不给自己带来太多压力。

第四章　五元赋能与翻转人生

V形翻转

依据巴夏在2019年11月16日的说法，2020年是非常关键的一年，代表了未来的视角，也象征着后见之明：即收集你所学到的经验、教训、信息之后，重新拟定未来几年的新目标。你们以为彼此在同一个现实之中，但其实不是，你正在创造你自己的现实版本。因此，很多个版本就同时并存，就像分光棱镜把一束白光分成不同颜色的光谱，分出了不同的平行现实。你可以在自己所在的那一个现实，透过玻璃看到现实中其他与你振动频率不一样的人，但他们不再影响你了。因为，他们的振动已经碰不到你，除非你选择相信你会受到他们的影响。

巴夏表示，每个人都在自己的现实之中，你会与振动频率跟你兼容的人和谐一致，但也会与不一致的人越来越远，你们之间的裂缝越来越宽，相隔的玻璃越来越厚。如果你选择的是乐观、激情、兴奋、创造力、爱的言语与行动，表示你所选的现实振动频率就能更快地具体显化。如，在你的生活中看到有人乱丢垃圾，那么你可以把垃圾捡起来，以积极改善的行动活出你要的现实版本，于是你周围的人自然而然会受到你的影响，你成了周围的人、也成为自己的榜样。不要犹豫，不要退缩，尽你最大的努力，选择激情、兴奋、创造力、爱的振动频率，然后付诸行动。行动就相当于你对自己的选择盖了认可的印章，你的行动会很快就会具体化。如果你需要通过绘画来表达自己，那就画吧；如果你觉得需要通过写作来表达自己，那就写吧。

英国知名作家蒂娜·斯伯丁（Tina Louise Spalding）也有类似的说法：当你住在一个高振频的世界时，会经历爱、平安、宁静、创造力、自由，会体验拥有相似振动频率的人、事、物、境……你若是经常感到羞愧及防卫心过重，就会遇到相同振动频率的人，而且你可能会用严厉的态度与人相处，因为你想要保护自己，或许你还会带一点攻击性。这些现象都是该振动频率所产生的变化与组合，而每种振动频率都有无止尽的组合及形成方式，一旦处在较低的振动频率，且你的表现缺乏爱心，就会收到负面的反馈。

你发现谁已经离开了你的生活圈吗？有谁今年刚进入了你的生活圈？你能发现自己目前在哪一个现实版本中吗？

"平行现实的分光棱镜"这个概念，非常符合很多人在疫情隔离假中的状况。在疫情中，有人恐慌、焦虑，或是颓废地宅在家里打游戏，或是无意识地追剧、狂吃狂喝、刷手机，与朋友漫无目的地聊天来打发时间。但如果你是清醒的、稳定的，有效地利用时间来充实自己，那么就算身边的人在焦虑、烦躁、悲观，他们也影响不了你。你们彷佛是在同一个屋檐下并存的两个平行世界。如果把视角拉到全球,有的政府将国民的生命放在经济之前,投入所有的资源,力求大家共度时限;有的政府把经济放在生命之前,一直担心疫情会影响经济而迟迟不肯宣布隔离令……最后的结果就反映在感染确诊者、死亡人数微量或巨量的差别上。这就像是分光棱镜,你聚焦在哪儿,就代表你选择并显化哪一个现实。

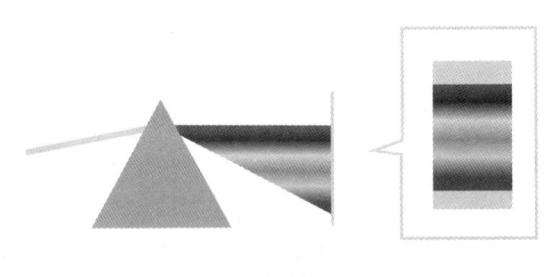

分光棱镜图

如巴夏在 2020 年 4 月 25 日所提到的，当我们知道了人类"大疫考"的地球"疫"图之后，让我们从观念中、生活里、行动上开始改变，做好接下来的"转折点""转戾点"的准备。

处于风暴之眼期间，你会经历通道的能量中点，你将经历这辈子都不会经历的事。

在隔离孤立、如茧般的独处期，让内心释放恐惧的信念。

转换能量，剥去那些不再属于你的东西。

放下与你振频不兼容、来自别人的影响，如挫折、愤怒、恐惧、悔恨、悲伤……

不要期待别人的改变、道歉，宽恕别人、宽恕自己。

从过去学到教训，但不耽溺其中；成为过去的观察者而不是参与者。

不让过去影响自己，而从未来影响自己、召唤现在的自己。

穿过"针眼"从另一端不费力地"滑"出来，更接近真我的你就会在另一端出现。

完成以上要求，你就能活在越来越轻松、自由的当下。

转折点与转戾点

每个人在一生中都会面对几条必经之路，从出生、会爬行、会说话、会走路等大脑与身体必经的转变，到大部分人的心理历程，如婴幼儿的依恋期、青少年的逆反期、成年的更年期、老年的孤独期等，我把这些节点称之为转折点。我们的生命旅程中也可能会经历几个重大的挫败或是意外事件，比方与父母闹翻、失恋、升学失败、失业、离婚、罹患重病、身边友人和家人离世等，这些强烈牵涉内在心理转变的事件，我将其定义为"转戾点"。

有的人会问，我们为何要面对这些转折点或转戾点的考验，就不能平顺地度过一生吗？一生会遇到哪些重要的关卡，遇到哪些人、事、物，似乎已有既定的剧本，但做出不同的选择就会有不同的结局。《寄生虫》《小丑》揭示了人类贫富阶级不平衡的反扑，我们除了身为观影观众，还能为这个不平衡做点什么？

《宝瓶同谋：大数据时代的思想剧变》一书里提到：当前个人与社会失衡的状况预示了一种新社会，所有的角色、关系、制度现在都开始重新被检视、重组、设计。

让我们接续十二个自我觉知，延伸出第十三个思考。

如果从十年后更好版本的你来看这次疫期版的你，你觉得这次疫情教会了你什么？疫情改变了你什么，让现在的你得以调整成更好版本的你？

当你逐一写下来，这些部分就是你的新版导航系统，请不要再回到旧轨道前往你不想去的目的地，比方你平常爱买的哪些东西其实不需要？哪些事情很重要但你忽略了？比方健康的维护、免疫力的提升等，这些就是升维过关的高架桥，当你开始执行这些领悟启示时，就是你翻转向上的转戾点。这就好比十年后更好版本的你来到了现在，站上崭新的舞台，开始翻转你人生的剧本。这样，你就会充分利用接下来的每一天踏实地完成你想要的目标，筑就你的梦工厂。

升维思考

疫情让各行各业全面大洗牌，带来的一些问题让你连想都没想过。

- 因为电影院关闭，贺岁片《囧妈》转为网络平台免费播出，流量带动股价，但也引起了电影院的不满。

- 公共场所如迪斯尼乐园、博物馆、美术馆、各大景区全面关闭。博物馆、美术馆等利用虚拟现实服务游客,网上带你参观。
- 因餐厅关闭,外卖外送取代了餐厅用餐,于是"不接触经济"兴起。
- 演唱会几乎全部取消、纷纷转为网络上的音乐演唱会,利用家庭VR剧院,可以在家中看演唱会、艺术表演、音乐会等。
- 学生利用网络线上听课取代到学校教室上课,线上教学已经非常普遍。
- 因为大家怕到医院形成群聚感染,在线诊疗、网络医院应运而生。
- 盒马鲜生率先推出"共享员工"的应对计划,让人力可以因产业变动而有自由流转的弹性。

第四章 五元赋能与翻转人生

面对变幻莫测的世界,请先对你的职业做一个描述。

_____

_____

1. 列出疫情对哪些行业有致命的打击,又对哪些行业有正面的影响?

_____

_____

_____

_____

2. 列出近10年来全球因重大变局(受自然因素或人为因素影响)造成产业巨变的实例。

_____

_____

_____

_____

3. 你以前或目前所从事的行业,因疫情产生了哪些变化,未来需要做出怎样的转变?

_____

_____

_____

_____

4. 近 10 年来全球重大变局(受自然因素或人为因素影响)对你工作的行业生产了哪些改变与革新?

_____

_____

_____

_____

第四章　五元赋能与翻转人生

5. 近10年来因全球重大变局（受自然因素或人为因素影响）的冲击，未来可能会增加哪些职业？哪些项目？你现在如何开始着手进行准备？

_____

_____

_____

_____

通过上述问答，你就能仔细分析出疫情大浪对你的影响，你才能知道你的转戾点动能的高点与低点在哪里。

海明威在《丧钟为谁而鸣》里提到：所有人是一个整体，别人的不幸就是你的不幸。

透过全球"大疫考"，我们都领悟了各国紧密连动，个人风险与全球风险是绑在一起的，没有人能够独善其身。

我们现在要思考,自己目前在生活上、饮食上、环境上、行业上……该怎么做调整,怎么转型?如何以保护地球为前提,借着科技来升级自己,实现"我好你好大家好"的共好局面。

2019年8月至10月,我在欧洲旅行,看了奥地利的湖上歌剧,也去法国卢浮宫看了达·芬奇特展,这是我很开心的高点。低点就是疫情爆发之后,我暂时无法出国去看展览,许多国外艺术家入境的表演都被取消,这些都是我的低点。在低点时,我看了许多过去因忙而没有看的书、影片,也利用这段空档写了我的新书。在低点时,我累积出下一波段高点的动能,等全球形势好转后,我就可以重新出发了。

每个人从自己可影响的范围之内,反思到最高智慧层级,并拟定未来行动的路线图,来一个"V"形的翻转,我们就可以给地球一个美的答案。

第五章

洞见未知的力量

《看见看不见的未来：获得超前十步的洞察力》中提到一个概念：有远见的人有个很重要的特质，他们不是看见了不存在的东西而改变世界，而是看见了已经存在但其他人没看见的东西。我建构了因应变局的全方位自我升级的十四组动力结构，让你在变局时洞见别人所未见的，给生活和工作游刃有余的动力。

第五章 洞见未知的力量

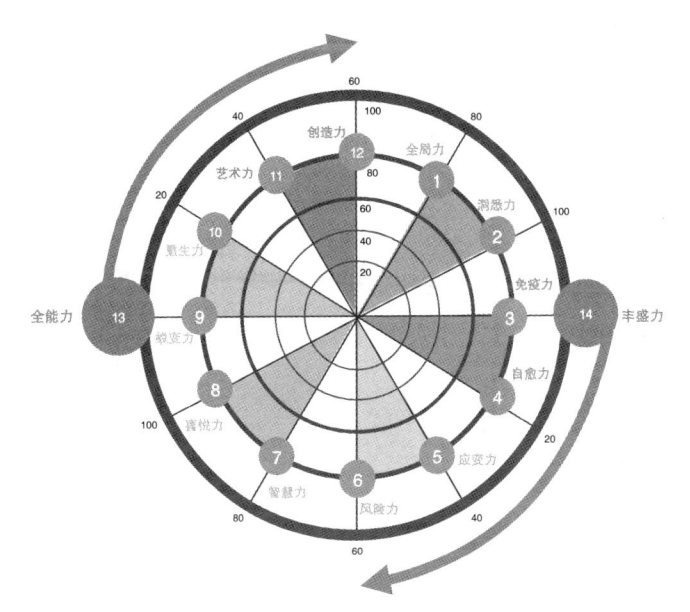

应变与变局：全方位自我升级的十四组动力结构

这是一组全方位自我检测指标，请大家自我评测一下每项分数是多少？如果有得分低于60分的弱项，可以通过强化，调整这十四组动力并使之达到平衡。下面，我将针对每一项来进一步解释。

全局力 + 洞悉力

我们首先要学会有全局力：以全球连动的全局视野，观察全球各地目前正在发生什么，跟我们有着怎样的"蝴蝶效应"。美国纽约的非营利组织在网络上发表微电影《爱是会传递的》，电影描述了一个人的小小助人行为，如何影响了整条街的人。透过星际宇宙的角度看地球运转，通过观看鸟的视野飞行影片，在坐飞机、玩滑翔伞、登摩天楼时以高空摄影的角度俯瞰整个地球等，我们可以通过这种练习用全局观鸟瞰天下，通过把视野拉长来放大生活的格局。

所有的意外，都是意料中事。为何在疫情期间，世界各地的人开始寻找之前的预言？人们在面对变动时，不喜欢那种"失控、不可控、无法预知"的状态，于是他们会回头寻找证据，一旦找到了有人在之前曾预言了这次疫情，那种未知的恐惧就可以因此消减许多。因为，只要找到可以尾随的先知，就表示未来再多的变化也都在可知的范围之内，就算在黑暗中也可以盲从，可以安心。问题是，一些预言已经存在很久了，为什么没人理会这些警示而提早预备或是去做出改变呢？然而等预言成真之后，人们才开始佩服这些先知的先见之明，然后就有更多人应和着，成为事后诸葛亮。先知者不是预知灾难，而是呼吁大家防患于未然的智者。萨古鲁讲得好：与其关注专家或先知预言还会有多少人将感染、死亡，不如关注我们现在能做什么才能阻止更多人被感染与死亡。

等你有了俯瞰宇宙的全局力，接下来就要有微观的洞悉力，可以一眼看到细微的变化，见微知著、一叶知秋。练习这个能力可以从看像《人类》这样的纪录片开始。当然，奥斯卡最佳影片《寄生虫》，以及《为了萨玛》《洞穴里的医院》等影片，都是练习深刻洞悉力的参考。

我们也可以从生活里的任何一件小事中停下来，看到最深的源头、起因、脉络、演变与哲理，直到我们有办法以内心洞悉之眼看到真相，才不会被表相所蒙骗。

免疫力 + 自愈力

普利策奖得主麦特·瑞克托（Matt Richtel）在《免疫解码：免疫科学的最新发现，未来医疗的生死关键》一书里提到：免疫是一切平衡的系统，因为它的设计重点在于维持生命的动态平衡，攻击并化解真正的危险，同时展现足够的克制力，不让攻击力摧毁身体。

新型冠状病毒造成的全球疫情，让所有人知道免疫力的重要。多晒太阳，尽量选吃自然无污染、提升免疫力的有机食物，多运动，去大自然中深呼吸、冥想调息、不焦虑等，让身体有强大的免疫力才是根本。

如果我们处于恐惧的状态，就会与病毒的频率相应和。《信念的力量》这本书中提到：压力、焦虑、紧张会降低我们的免疫力，信念拥有最强大的生命力。平时一定要随时觉察，如果自己陷入恐慌与焦虑，一定要停止这种状态并马上调频，可以静坐静躺或是用音乐调频。调完心情的频率后再做事，就不会把自己的焦虑、恐慌的频率继续投放到未来。

关于自愈力，《90%的病自己会好》一书中提到：功能正常的自愈力可以处理人体内90%的病痛。脊骨神经外科医生黄如玉也曾经提到：我们的身体每过7年就会将全身上下的细胞重新更换一次，代谢会发生在身体的每个部位，不断地修复、淘汰与再造。一个人的自愈能力越好，身体的修复和淘汰能力就越好。

Heho 健康网也建议使用以下强化自愈力的方法：一是不要滥用药物；二是要有充足的睡眠；三是保持愉快的心情；四是定期适度运动；五是均衡饮食。

关于"免疫力""自愈力"，医生或专家都有不同的看法，以上仅供参考。每个人从现在开始立誓成为自己身体健康的研究员与执行者，这会是你在 2020 年最重要、最关键的决定。10 年后身心健康的你回头看 2020 年，你会感谢当时的自己。

应变力 + 风险力

在变局没来之前，你所有的准备可能被人叫做"杞人忧天"，变局临时驾到的时候，你所有的准备则叫做"先见之明"，这就是应变力。我的好友比尔贾说：

第五章　洞见未知的力量

"永远都没有准备好的时候,但永远都要有准备好的状态。"当事情来临时,我们要让自己已经准备好。变局是给毫无准备的人的临时抽考,正如同有人说:"乐观的人发明飞机,悲观的人发明降落伞。"你若有多元身份,随时都可以拿出相应的牌,这也就是大家都明白的道理:疾风知劲草,杀不死你的,会让你更强大。

风险力是指在变局变动之下,要设安全保底线,保自己与大家的命,并在超越风险变局的高维视野中看到未来新生活、工作新形式。

这一次的疫情来得很突然,就像是无预警的临时抽考,考验大家平常是否准备好足够应变的生活基金。平时没有做好财务规划的人,遇到突发事件就会特别恐慌。如果你也是恐慌者,经过这次的教训之后,就要重建财务保命保本的金字塔。

多层财务结构

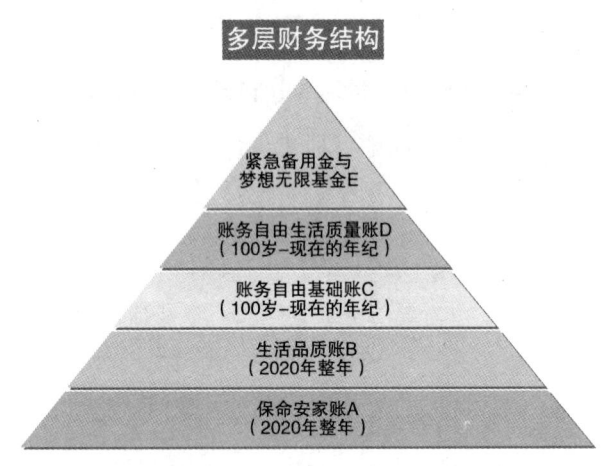

- 紧急备用金与梦想无限基金E
- 账务自由生活质量账D（100岁-现在的年纪）
- 账务自由基础账C（100岁-现在的年纪）
- 生活品质账B（2020年整年）
- 保命安家账A（2020年整年）

多层财务结构图：守好财库水位，把焦虑转为安心

◎保命安家账 A

算一下自己一整年必要的开销，包括生活费、房租与房贷、水电费、天然气费、电话费、网络费、餐费、养家费……这些费用称为保命安家账 A。

从今年所有的收入里先给 A 预留出一部分资金来。

◎生活质量账 B

A+学习费+体验费+旅行费+健康护理费+娱乐费等= B

B 被满足达标后，其余款依次进入 C → D → E。

◎财务自由基础账 C

预留出未来生活的基本开销，A×（100 - 现在的年龄值）= C，C 即为财务自由基础账。

◎财务自由生活质量账 D

预留出未来有生活质量的生活费，B×（100 - 现在的年龄值）= D，D 即为财务自由生活质量账。

◎紧急备用金与梦想无限基金 E

等到 D 满足达标之后,多出来的钱预留一半为紧急备用金,平时不可动用这笔资金,特别必要时才能动用它。从小的愿望到大的愿望,列出自己的心愿清单。实现这些愿望的费用可以用预留的另一半钱作为梦想无限基金来支持。

从 19 岁开始至今,我会把每个月十分之九的收入都存在保本保息账本,积攒够了就用来买一栋自住的房子。收入的十分之一为生活基本费用。为了提高可支配的生活基本费用,我努力创造副业收入。等财务水库稳定了,而且没有金钱木马程序之后,就可以不必再聚焦在钱的节制上,转为聚焦在自己想体验与完成的无限梦想上,如旅行、办在线学校与研发课程的学习基金等。我从不会通过乱花钱来填补内心的空缺,如果有人目前是负债、入不敷出的状态,或是月光族,那千万不能专注在花钱、过度消费、刷信用卡、借贷上，这只会把金钱的漏洞越搞越大。你的每一笔收入，一定要依次按照 A→B→C→D→E 的方式分层填满你的财务水库，以后的日子就算遇到临时失业，遇到任何长久的变局都不必担心。

当人心里藏有金钱木马程序时，就相当于他在开一艘底部有破洞的船，他的生活风险就会比别人高很多。所以，无论如何要先找到自己的金钱木马程序，如果有债务就一定要先还债，还清之后，后续的资源汇入后才能是正资产。

在变动剧烈的疫情期，如何找到自己的金钱木马程序，并帮自己补好财务漏洞呢？

第一，检查自己是否漏财。

如果你觉察到自己经常无意识地买过多的衣服、保养品，表示你可能太在意别人对你的看法；如果你一看到有新款手机上市就冲动地想拥有，即使你的手机才刚买没半年。如果有上述类似情况，你需要检查一下自己内心是否空虚寂寞，需要朋友关心？反思自己是不是以钱来支撑自尊？在哪个项目花钱最多？能看到自己想填补什么内心空缺吗？如果你的回答都是肯定的，这很明显就是自信与自我存在感严重不足，需要得到别人的肯定与认可。这个人类木马程序创造出"别人看不起我"的误会与冲突，长此以往，造成人际关系越来越差，资源变得越来越少、越来越匮乏。

内心有金钱木马程序的人，需要通过快速投机来赚钱，以掩盖自己的低自尊表现。如果你发现自己有这种状况，一定要尽早补足这个程序的漏洞，不然赚再多都会漏财，如乱花钱、借钱给人却收不回来，或是投资失败等，把前面赚的钱全部都漏光，最终浪费的是自己的生命。

第二，检查自己对金钱的态度。

不轻易借钱给别人，除非你已经达到了 E 的水位，除非对方真的有生命急用，否则你也只是拿钱去填对方金钱木马程序的坑，而且通常很不容易拿回来。特别不要把钱交给老是说"我下次一定会赢、我运气很好""你这样慢慢存钱太慢了，投资这个一定赚，借我钱一定连本带利还你"等这些话的人。不抱有想赚快钱的不切实际的想法。此外，如果有人找你合伙，你要看清底细，弄明白真相。

第三，检查自己的能量流。

检查自己是否动不动就取消、改约、不回复别人的信息？如果在半年内你可以列出这种现象多达十次以上，一方面表示你习惯以躲避的方式面对眼前的资源能量流，另一方面也说明你有可能经常自不量力地承诺过多，但总是力不从心。你需要马上调整眼高手低的不平衡状态，从今天起只承诺你做得到的，一旦承诺的事情就不要找借口拖延或不完成，你取消或爽约的次数越少，你的能量就越稳定。

第四，检查自己内在的生命地基。

如果你很爱麻烦别人帮你做事，表示你需要被关注，其背后代表的可能是爱的匮乏。我以前带学生出国参访，有的人临行前连通知看都不看一眼，每想到一个问题就直接发问，连自我思考的能力都没有。潜意识需要别人关注的人，就算赚再多钱也是虚的，因为他的内在生命地基一直是空的。

第五，不要因竞争而被挤出自己的生命跑道。

第五章 洞见未知的力量

很多人的人类木马程序是竞争型的,为了掩盖内心觉得自己不够好的状态,带着焦虑的频率,非常拼命地做更好的自己。以焦虑发出的频率,吸引的是让自己更焦虑的状况,一路努力向前奔冲的结果往往会付出健康的代价。而且很多跑得快的人,只知道要跑赢别人,但不知道自己要跑去哪里,等于被竞争挤出了自己的生命跑道。

我们需要每天花点时间找到自己的卡点,想象在大脑中下载一个智能软件,以高维度的视角破解自己内在竞争、战斗、愤怒不平、抗争、反抗、吵架的自动反应模块,清理内在因过去的创伤故事而以为自己不够好的状态,破除设立虚幻目标、通过好战好斗以证明自己存在价值的错误理解。你不要让宝贵的生命活在别人眼里,败在别人嘴里,不要再虚假奋斗,为别人活得这么累。你要移除所有影响身心健康的负面频率,包括委屈、伤痛、焦虑、控制、不平衡、不自信、不被关注、感觉不被爱、没有安全感、否定自己……当你内心与世界斗争的战场转为和平、爱、创造力的殿堂时,你就不会再以竞争、攻击作为唯一的反应方式,你的家人关系、同事关系、伴侣关系、亲子关系以及与自己的关系,就会从紧张演进到和谐。当你的外在没有了战场,每一天醒来都能轻装上阵,你就能以新版本过好全新的一天。

第六,危机中的转机——蜕变法。

疫情让很多人借出去的钱、投资的钱,因为对方经营不善而拿不回来。我身边的一个朋友,不到三十五岁就赚到了很多钱,后来她的闺蜜帮她全部拿去投资并承诺高额利息,结果血本无归。她既愤怒又沮丧,一直疲于追回这笔钱,导致根本无法专心工作,客户也对她越来越不满意,她连现有的工作都做不了,健康状况更是雪崩式下滑。她遇到了这样重大的人生困境后,来问我该怎么解决这个问题?

我问她:如果三年后,你想要回过头来感谢这个人,你觉得可能的版本是什么?或者说如果你现在被骗了两百万,你以后要赚到多少,才会觉得这两百万根本不用放在心上?

她回答:要赚到四百万。

我说:你有发现自己也需要对这件事负责吗?你内在已经藏设有"我要拥有更多钱来让自己退休"的企图,因为你的焦虑频率,让别人有机可趁地把你扔进赚快钱的坑中了。你必须先移除自己急着退休的焦虑木马程序,好好享受工作带来的非金钱乐趣与成就感。当你重回信任与丰盛的心流,就不会再被别人设的各种套利方案所诱惑。只要你填好内在金钱木马漏洞,将来也可以赚回比原来更多的资源,不必再投放焦虑频率去设定想快点赚回来的恶性循环。这样的转念，反而让你有机会离开焦虑，进入丰沛的创造之流中。

电影《星球大战：天行者崛起》中提到如何面对内在黑暗面的议题，呼应到我们生活中的黑暗面则是生存焦虑。如果你在特殊时期与人发生财务纠纷，这是在挑战你的生存地基，挑战你的恐惧。倘若你不去找出每一条负面情绪背后困住你多年的木马程序，没有用更深层的疗愈转换成高维频率与智慧视野，你就脱不出困局。不甘心就会被困住难逃脱，愿意放下才是解药。

当我们遇到这些重大的关卡及创伤时，翻转人生版本不是逆转过去，而是改变现在自身看待这些事情的心态、情绪、频率、行动，把心力聚焦在如何把受损转变成新契机，创造一个全新版本。我们要感激人生中曾经遭遇的重大创伤和挫折。我们现在决定不往旧频率、旧版本方向上继续行进，把未来人生转向喜悦、丰盛的版本。

智慧力+喜悦力

遇到任何事，请不要用你原来的思考方式反应，把自己拉到智慧版的自己，思考自己要哪一种关系、哪一种结果，然后再倒推，决定现在要怎么反应，这就是智慧。在讲话、行动之前，都先在脑中想一下这句话、这个行为，被对方听到、看到之后会有什么样的反应频率？此频率是爱还是恐惧，是好还是不好？把负向的或不好的调整成正向的、好的，生成爱的语言与行为，创造属于你的好的命运版本。

萨提斯·库玛说："冥想不只是闭目打坐，而是渗入每一天的言语、行动、工作与每个关系之中。自我觉知和意志力是一座座需要攀越的山峰，当我们到达山峰的顶端，自己也能在经历中转化，慢慢看到越来越辽阔的人生风景。"只要你每一次都是以善良为前提的最高智慧所思、所言、所行，就可以省掉未来无数次后悔、道歉、收拾残局的时间。

智慧力的养成要靠长期的练习，每天晚上倾听自己内在的智慧之声，并反思自己有无要修正的部分。古人曾子提到，吾日三省吾身：为人谋而不忠乎？与朋友交而不信乎？传不习乎？意思是说每天要自我反省三件事情：我替别人做事，有尽心尽力吗？和朋友交往时，是否言而有信？承诺的话都兑现了吗？都做得到吗？有不诚实的地方吗？老师教导我们的一切，我真正去实践了吗？

菩萨畏因，是高维度智慧的事先觉察，找出关键，冷静决策，防患未然；众生畏果，是无分辨力的恐惧恐慌，杯弓蛇影，见影开枪，大乱阵脚。推荐大家平时多看能提升自己的智慧的书，如《镜子练习：21天创造生命的奇迹》《一念之转：四句话改变你的人生》《回到当下的旅程》等。智慧比知识更重要，智慧可以帮我们快速升维，跳脱出现有的人生困境。如果要我推荐一本必看的智慧之书，我会推荐拜伦·凯蒂（Byron Katie）的《一念之转：四句话改变你的人生》，这本书是逆转我人生困境的书之一，大家平时可以多看多练。

与智慧力配套的就是喜悦力了，一旦你拥有了智慧，本自具足的心境就会自带喜悦力了。

周围没有敌人，只有自己对自己的敌意；周围没有贵人，只有自己对自己的善意；周围没有爱人，只有自己对自己的爱意。所以，要改变命运的唯一方法，只有改变自己的心态与频率。

如果你在十四组动力结构的评测中，喜悦力低于 60 分，建议你将下面的书列为优先阅读的内容。

《哈佛幸福课》
《哈佛教你幸福一辈子》
《快乐是可以练习的》
《世界上最快乐的人》
《改变 20 万人的快乐学》
《感恩日记》
《感恩的狂喜》
《12 个月的感恩练习》
《幸福的魔法》
《寻找全球幸福关键词》

班夏哈在哈佛大学开设的《正向心理学》，让众多哈佛学子趋之若鹜。劳丽·桑托斯在耶鲁大学开设的《心理学与美好生活》，也吸引了上千名学生来上课。

我们选择知名大学的幸福课作为学习的内容，补修快乐学分。与"快乐学"有关的电影有：《寻找幸福的赫克托》《哈佛没教我的幸福课》等，要想重设自己的幸福信念程序，平时也可以多看让自己开心的电影，听让自己快乐的音乐，多做能让自己快乐的运动，多跟快乐、乐观的人在一起，多晒太阳并多到大自然里走走，让自己的喜悦力分数达到80分以上。再多的财富、名利，只要自己不快乐，也是无任何价值的。

蜕变力 + 重生力

鸡蛋从外部被打破是食物，从内打破是生命。这句被很多人传诵的励志金句，很好地诠释了由蜕变带来的生存动力。

生物界里，有个专有名词叫"变态"。在《苏里南昆虫变态图谱》一书中提到：昆虫第一次变态为蛹，毛毛虫的第二次变态则有白昼活动的蝴蝶、夜晚活动的蛾。我们因疫情也发生了两次变态，第一次是居家闭关期的"茧居"工作与生活状态，第二次就是永久性的改变。这种从生活、工作到身心状态彻底且快速的全方位蜕变，有人称之为宅生活，由此诞生了宅经济。一如萨提斯·库玛所说：蜜蜂可以为我们上一堂关于转化的课程，它们展现物质体的转化，但在一个看不见的神圣维度也同时存在着创造与转化的过程。它们从一朵花飞向另一朵花，在这儿采一些，在那儿采一些，但从来不会采太多，也不曾有哪朵花抱怨说它们采走了自己太多花蜜。采蜜之后，蜜蜂将其转化成为甘甜、美味又健康的蜂蜜，而这一过程正是发生在与实际功能性的酿蜜行为相平行的神圣维度。乔治·赫伯特（George Herbert）也提到：蜜蜂为人类辛勤工作，却从不弄伤主人的花朵，在工作后将花儿完好如初地保留，而且使花儿依然健康。因此两者都完美地存留下来，并向我们展示生命是如何相互连接与相互依附的，这世间一切都是合一的。疫情为我们建立了神圣转化的平行维度，这其实就是蜕变之美。

没有破坏就没有重生。如果我们带着无条件的爱的频率，所有的崩解突破就都是为了把内心那堵防卫的高墙冲破。在2020年年初开始的翻天覆地的变动之后，该揭露的、该冲刷的都无一幸免。很多人在感情、家人、工作、金钱财务、身心健康、生活上经历了重大的、生死攸关的锐变。回顾这段时间的疫情，你发现了哪些以前忽略的事情？你失去了什么，获得了什么，领悟到了什么？引发你哪些更深层次的反思？给了你什么有建设性的、有创意的灵感或发现？

萨提斯·库玛说："进化和转化是双胞胎，它们总是携手并肩前行。进化的过程必然会改变我们现在的生活方式，虽然永远不会有一个突变的进化点，但是我们正朝向一种新的、神圣的心灵进化状态。我们将意识到彼此都是互相联系的。"

记得每一天随时重启自己的生活与信念系统，重新灌入自信、爱、勇气、弹性、清晰、智慧的频率，练习勇于表达自己、活出自己的内心感受。我们要重新找回自己的天赋创造力，重新聚焦在自己与所爱的人身上，不被其他琐事分心，就像是你打开彩虹投影灯，无论投到任何地方都会是彩虹。正像十三世纪的波斯诗人鲁米所写到的：昨天的我很聪明，所以我想改变世界；今天的我有智慧，所以我改变自己。

如果说自愈力是身体的修复能力，那么蜕变力、重生力就是心灵的再重启能力。作者JK·罗琳曾被诸多出版社拒绝出版《哈利·波特》，后来，她的坚持终于换来了自己的宽广天地。被 Facebook 与 Twitter 拒绝

第五章　洞见未知的力量

的 Brian Acton 最后创办了 WhatsApp。澳洲大火过后，许多植物迅速绝处逢生，有些动物断肢断尾后依然顽强地活着……这些启示，都可以为自己提供演练重生力的绝佳范本。

借着看电影可以演练自己各式各样的应变力、蜕变力、重生力的方法。一旦我们能在电影里提炼出该电影的高维智慧，不仅为人生省了绕弯路、找出路的时间，也可以借由电影剧情锻炼自己在人生低谷中翻身、重启新命运的心智，做到随时更新自己，就像安迪·沃霍尔所说的："人们总说时间可以改变很多事，但事实上必须由你自己去做出那些改变。"

如果落实到生活中的每日维新，先要明白我怎么看我自己、怎么认定我自己，我就会变成怎样的人。当有人说自己三十岁、四十岁就老了，他们正选择活出老去的自己。随时卸除旧版的自己，帮自己更换新的心理周期，重新续接百变版的自己，大胆跃入优雅的新生活版本，这就是永葆青春的秘诀。每天晚上最好能泡澡，也可以想象自己在充满净化之光的温水瀑布中，洗刷自己的旧细胞以及沉重的情绪印记。睡觉前，把自己叨叨絮絮的头脑关掉，把自己追求各种功名的包袱卸下，想象自己像一片轻盈的羽毛，无事一身轻地飘到床上，想象你的床就是你的回春圣殿，通过一晚好眠，重新返回到年轻版的自己。

艺术力 + 创造力

疫情期间，许多因"疫"而生的艺术形式百花齐放。美是一种能量，能快速翻转我们目前受困的维度。艺术鉴赏力、美学力、创造力、创作力非常重要。在你多元的人生蓝图中，可以规划至少一个以上的艺术家身份，如作家、演员、导演、画家、书法家、摄影师、音乐家、歌唱家、舞蹈家……并确定其中有一个艺术家的身份可以帮助你维持生命创造力，随时升维并补充你的艺术细胞。

"我们每个人都被赋予了一些独特的质量，用独特的方式来观察和体验世界。地球上每个物质都有它不可见的维度，而那不可见的维度就是神圣的、灵性的、想象的维度。当你注视一朵花的时候，你要去想象它并不仅是物质世界里的一朵花，而是一个智慧与灵动的存在。一朵花有物质形态，但也有我们看不见的维度，而那看不见的维度正是需要我们用想象才能去触及的。在印度，这被称之为第三眼、想象之眼、心灵之眼。我们的双眼是物质之眼，只能看到物质形态的东西。倘若我们想要看到非物质形态的存在，就需要使用非物质的第三眼、灵性之眼。因此，从灵性的角度来说，想象力不限于艺术家与诗人，在灵性之中也蕴含着创造性的想象力，因为艺术与诗歌就是来帮助我们触及灵性层面的。譬如，威廉·布莱克（William Blake）正是通过他的绘画与诗歌，通过想象的力量，从而体验到神圣之光。一如泰戈尔正是通过他的诗歌、音乐与绘画，触及那不可见的存在，而我们也正是通过他的诗歌去瞥见神圣的存在。神并不是像一位画家般创作了一幅作品之后就离开，神更像是一位舞者，你无法将舞者与舞蹈分离开来。在印度你会看到很多湿婆神庙，犹如一场不停歇的舞蹈，以共同互惠连结的原则，参与着这样一场持续创造、进化、毁灭，再共同创造的过程。"萨提斯·库玛（Satish Kuma）如是说。

创造力、创作力是越练越丰沛的。请自现在起每天都留点时间创作，成为自己生命中最强大的创造者。

如果你觉得自己的灵感经常断线，可以选一首宁静而流畅的曲子，想象你头顶伸长了一根天线，连上了缪斯的云端，然后随着音乐以信任的频率，像接瀑布般下载源源不绝的创造动能。于是，你的笔或计算机跟着这波灵感之流，快乐地创生出自己独特的生命作品，成就自己，也同时滋养这个丰盛的世界。

全能力 + 丰盛力

无论你毕业或就读于哪个专业，现在都必须把自己当成"半个地球学家＋半个物理学家＋半个天文学家＋半个古文明学家＋半个灵性哲学家＋半个医生＋半个野外求生专家"，每天关注地球动态与星空变化，关注自己与他人的和谐成长，这些都是要成为新地球公民的必修学分。

等到以上的升级力量蓄积完成后，帮自己再列出七八个平行身份，这些身份最好要涵盖"创意""表达""美学"三大领域，逐渐恢复自己的"全息态"。就像开创美食影音作品古朴自然风格的李子柒，她自给自足，把简单生活过得极美，活出了自己的美学生态。

当你把全能力拉升到80分以上时，就相当于你同时拥有电影《分歧者：异类觉醒》里五个派别异类者的全能：追求大公无私；相信人若无私，世上将不再有纷争；爱好和平，尽全力避免一切冲突；崇尚勇敢，立志成为保卫社会的力量；厌恶谎言与迂回隐瞒，视谎言为战争的导火线；重视知识，认为学问是一切的根本。当你拥有这五个派别的能力时，你才有办法跳脱游戏规则的框架，自定义"大家共好"的游戏规则。

《改写人生的奇迹公式》中提到：我们不必创造富

饶，富饶一直都在。我们不需要创造爱、幸福或快乐，因为那已是我们天性的一部分。我们不需要学习敞开心胸或与其他人连接，因为只要不阻止，它就会发生。我们可以随时回到生命的原始恩典，不需要刻意努力取得，不需要做些什么、成为什么，也不需要拥有、得到、改变、练习、学习任何事，只要回归自然的生存状态，人类与生俱来的幸福感就是原厂设定。

当你备足了上面所讲的13个力量，第14个丰盛力的水位自然水涨船高，你能从内在相信并感受真的丰盛，就不会陷入生存的焦虑，可以优雅而缓慢地活出你本来的自信美与丰盛意识，不急不徐不焦虑。自己安心之后，再以独特精彩的阅历，创造更多元丰富的人生。

第六章

成为领舞者

人类历史中发生过几次"集体转折点",一些天灾人祸如火山爆发、森林大火、地震海啸、洪水旱灾、政治对立、经济剧荡、世界大战等,没有哪个场面像新冠病毒疫情这样让全球闭关。我们损失了许多,领悟了许多,也收获了许多。波兰创作者莉雅·苏可(Riya Sokol)拍摄了一部叫做《冠状病毒,谢谢你》的影片,她以非常智慧的角度,提醒我们如何总结这次人类"大疫考"。

"谢谢你震惊了我们,并让我们知道,我们有着超乎自己想象的更伟大的力量。

"谢谢你让我们懂得感激，感激我们所拥有的富裕生活、富足的物质，自由与健康。

"也让我们了解，过去的自己视一切为理所当然。

"谢谢你让我们停下来，足以看清楚我们在忙碌中多么地迷失自己，因此没有足够的时间去做一些基本而重要的事。

"谢谢你让我们把自以为重要的问题搁置一旁，并让我们看清楚什么才是真正最重要的事。

"谢谢你停止了所有的交通运输。

"这个地球长期以来都在乞求我们对它的重视，但我们漠视它。

"谢谢所有的恐惧，压力一直是地球人最大的疾病，但我们却很少正视压力。

"现在我们必须学会面对它，并且用爱拥抱它，用关爱去协助它。

"谢谢这次人生的变革，让我们真正了解彼此是连结的。

"谢谢这次彼此的联合，我们了解这个世界需要改变。

"谢谢在我们遭受重挫后，仍给我们从头开始重建这个世界的机会。

"病毒与我们同在，就在你我之间，不管是身体上还是精神上都串连着你我。

第六章 成为领舞者

"感恩可以支持免疫系统,也让我们用不同的观点去看事情,透视我们所做的抉择,更重要的是意识到所有的存在。

"保有感恩,察觉事情不再像往常一样,这个世界正在改变中。"

加拿大诗人兼歌手莱昂纳德·科恩(Leonard Norman Cohen)说:"万物皆有裂痕,那是光进来的地方。"

丘吉尔说:"不要浪费一场好危机。"

2020全球超级大考,每个人都在地球考场上面对自己专属的考题。我们不变,病毒就现;我们改变,病毒不见。疫情之下,地球是学校,人心是题型,集体主修过关的解答是爱。我喜欢《宝瓶同谋:大数据时代的思想剧变》里的一个比喻:古印度经提到,因陀罗的天里有一面珍珠网，你只要看其中一颗珍珠，就会看到其他每一颗都反映在这颗珍珠上。如果我们意识到可能没有明天，那么在今天改变的人，就得到了蜕变的机会。

透过我们的觉知，破除恐惧的框限，放掉对地球有害的生活方式，以觉醒的"疫"图修正过去错误的地图，珍惜当下的生命，启动无条件的爱的勇气。只要全人类都升维到地球上方，看到考试的设计，就能瞬间知晓把考场改成游乐场的方法。当大家决定要一起活出"疫"想不到的生活蓝图时，也代表着我们已经完成了蜕变重生后的新生命篇章。

纵观人类历史，每一次的"黑天鹅事件"，都会让人类跳跃式地瞬间转变，快速驱动向前，往新的方向发展，而我们每个人也有机会好好利用黑天鹅事件，在世界级浪潮的巨大动能中，顺势翻转到新版本的美好世界。甘地说:"成为你希望在这个世界上看到的改变。"只要我们精确校准"双齿轮联动机构",并以"五元赋能""十四力加持"来强化自己因应未来不可知与不可控的变局特征,那么无论外太空飞来多少只黑天鹅,我们都有办法跟它共舞,并能成为黑天鹅的领舞者。

我们相约在新世界见!

后 记
感恩地球

我在写这篇后记时，恰巧是 2020 年 4 月 22 日——世界地球日。我刚好在这天完成全稿的写作，惊觉 2020 年是世界地球日 50 周年纪念，与我 50 岁的年龄恰巧同步，在 1970 年开启了地球人类意识觉醒与我的身体生命。为什么说是恰巧呢？让我把这时间往前推 21 天，跟大家说一下这三周发生了什么。

2020 年 4 月 1 日下午，我与生鲜时书负责人刘俊佑见面，聊了我在三月中旬想写一本这次疫情对人类

后记 感恩地球

的启示的书,还记得那天我很着急地跟他说:"这本书若要出版就得非常快,因为现在大家都需要这样的书。"繁体版《人类大疫考》顺利出版后,出版人潘炜博士立即跟我联络想出简体版,并想要改书名为《与黑天鹅共舞》,于是这本书就诞生了。

2020年对地球上的每个人来说都是很震撼的一年,不仅是因为横空出现这么巨大而真实的黑天鹅,而且它好像不打算短暂停留,而是准备长待一阵子,一直到我们做出改变,所以就让我们从惊吓、想要驱离黑天鹅、想要尽快回到原来生活的想法,转变为接受它。与黑天鹅共舞将会是全人类在2020年最美的风景,是最重要的转折点,也是你我即将翻开的全新的生命篇章。

我把这本高度耗尽精力的《与黑天鹅共舞》诚心地献给地球,感谢你的滋养、你的慈悲、你的智慧、你的美好、你温暖的大爱。愿全人类因疫而醒,从此和平、健康、共好。

写于 2020 年 4 月 22 日世界地球日